济南市

王光胜 亓翠玲 李婷婷 主编

第三次农作物种质资源普查汇编

中国农业科学技术出版社

图书在版编目（CIP）数据

济南市第三次农作物种质资源普查汇编 / 王光胜，亓翠玲，李婷婷主编. --北京：中国农业科学技术出版社，2023.5
ISBN 978-7-5116-6271-2

Ⅰ.①济…　Ⅱ.①王…②亓…③李…　Ⅲ.①作物－种质资源－资源调查－济南　Ⅳ.①S329.252

中国国家版本馆CIP数据核字（2023）第 082119 号

责任编辑　崔改泵
责任校对　李向荣
责任印制　姜义伟　王思文

出 版 者　中国农业科学技术出版社
　　　　　　北京市中关村南大街 12 号　　邮编：100081
电　　话　（010）82109194（编辑室）　　（010）82109702（发行部）
　　　　　　（010）82109709（读者服务部）
网　　址　https：// castp.caas.cn
经 销 者　各地新华书店
印 刷 者　北京建宏印刷有限公司
开　　本　185 mm × 260 mm　1/16
印　　张　18.25
字　　数　430 千字
版　　次　2023 年 5 月第 1 版　　2023 年 5 月第 1 次印刷
定　　价　198.00 元

《济南市第三次农作物种质资源普查汇编》
编委会

主　任：曹　军

副主任：王奉光

委　员：赵传庆　徐　波　陈黎明

主　编：王光胜　亓翠玲　李婷婷

副主编：顾　鹏　谢颂朝　张　明

编　委（按姓氏笔画排序）：

于金友　万　程　王　浩　王洪盛　王海英

卢书敬　央　珍　池立成　刘龙龙　闫杏杏

张淑秀　张玉海　张兴德　张墅瀛　陈　珂

陈　扬　郭　玉　谈　政　商广春　菅应鑫

序

种子是农业的"芯片"，种质资源是种子的"硬核芯片"。

农作物种质资源是人类赖以生存和发展的根本，是农业育种创新研究的重要物质基础，是农业可持续发展不可替代的战略性储备资源。习近平总书记指出，要下决心把民族种业搞上去，抓紧培育具有自主知识产权的优良品种，从源头上保障国家粮食安全。一粒种子可以改变一个世界，实施种业振兴，打好种业翻身仗，实现种源自主可控，当务之急是摸清种质资源家底，落实强有力的保护和开发利用措施。

近年来，因气候、自然环境、耕作制度、种植结构和土地经营方式等变化的影响，一些区域的许多地方品种迅速退化或消失，作物野生近缘植物资源也急剧减少。全面开展农作物种质资源普查和收集，查清我国农作物种质资源家底，抢救性收集和保护珍稀、濒危农作物野生种质资源和特色地方品种，关乎国家种业安全和生物安全，对加快育种创新、保护农作物种质资源多样性、促进农业可持续发展具有重要意义。

济南市位于山东省的中部，南依泰山，北跨黄河，地处鲁中南低山丘陵与鲁西北冲积平原的交接带上，生态环境优越，农耕文明历史悠久，农作物种质资源非常丰富。为了使优异种质资源尽快得到挖掘、保护和开发利用，助力种业振兴和打造中国北方种业之都，济南市农业技术推广服务中心在全面开展第三次农作物种质资源普查与收集行动的基础上，组织编写了《济南市第三次农作物种质资源普查汇编》，把普查到的各类种质资源进行分类汇编，详细描述各类种质资源的采集地域、生物学特性、资源利用概况等，并以清晰优美的图片展现了各类收集资源的原生境态、典型性状，同时收录了部分优异种质资源的历史故事，图文并茂，形象生动。本汇编不仅全面展示了济南市开展农作物种质资源普查与收集行动的收获与成效，而且为省、市种质资源库建设提供了重要的基础材料和物种信息。

《济南市第三次农作物种质资源普查汇编》的出版，正逢其时，不仅对引导教育广大人民群众认识和保护农作物种质资源起到很好的宣传推动作用，还可以为农业科研、种业创新发展和农业知识普及提供有益参考，更能为济南打造中国北方种业之都、助推种业振兴提供重要支撑。

费军

2022年10月

　　济南市是山东省省会，简称"济"，国家历史文化名城和环渤海地区南翼的中心城市，境内泉水众多，素有"泉城"美誉。济南四季分明，年平均气温14℃，降水量650～700毫米，物产丰富，有农作物种质资源2 100余种，"舜耕历山"广为流传，章丘大葱、平阴玫瑰、龙山小米、商河花卉、莱芜生姜、莱芜黑猪等名优农产品驰名中外。农耕文明历史悠久，几千年农耕文化的积淀书写了丰厚的农耕文明史，优越的自然环境孕育出了丰富的农作物种质资源。

　　农作物种质资源是保障国家粮食安全、生物产业发展和生态文明建设的关键性战略资源。人类未来面临的食物、能源和环境危机的解决都有赖于种质资源的占有量，作物种质资源越丰富，基因开发潜力越大，生物产业的竞争力就越强。

　　为贯彻落实《全国农作物种质资源保护与利用中长期发展规划（2015—2030年）》，农业农村部自2015年开始组织开展第三次全国农作物种质资源普查与收集行动，目的是查清我国农作物种质资源本底，并开展种质资源抢救性收集。山东省是最后一批启动该行动的省份之一，2020年5月，济南市开始对全市11个县区（市中区、槐荫区、天桥区、章丘区、济阳区、历城区、长清区、莱芜区、钢城区、商河县、平阴县）开展各类作物种质资源的全面普查，在普查的基础上，平阴县、章丘区配合山东省农业科学院进行各类农作物种质资源的系统调查。在完成国家普查任务的同时，对食用菌、中药材种质资源进行全面普查与收集，做到应收尽收。

　　经过两年多的不懈努力，截至2022年12月，济南市一共有337份种质资源拿到国家种质资源库圃的接收证明，其中包括127份果树类、182份种子类、28份无性繁殖类资源。本次行动，收获了很多经济价值高且极具文化内涵的种质资源，如章丘鲍芹、镜面柿子、红荷包杏、李桂芬梨、唐朝古板栗、白花丹参等，这些资源有的已形成较大的种植规模，发展成为当地的特色产业；有的虽然面积小、产量低，但文化底蕴深厚，开发利用潜力巨大。同时，普查中也发现一大批种植历史久远濒临绝迹的地方品种。20世纪50年代及80年代，我国分别进行过一次农作物种质资源普查，济南市共收录521份种质资源，涉及小麦、玉米、水稻、大豆、各类蔬菜等39种作物。分析本次普查结果可知，超过九成的地方品种已退出种植历史，因此，加强种质资源保护，迫在眉睫。

　　中央印发的种业振兴行动方案将农业种质资源保护列为首要行动，把种质资源普查作为种业振兴"一年开好头、三年打基础"的首要任务。由此可见，农作物种质资源普查与收集是种质资源保护与利用至关重要的一环，决定了保护与利用工作的成败。正是在这样的历史背景下，济南市农业技术推广服务中心在全面总结梳理本次行动成效的基础上，组织编写了《济南市第三次农作物种质资源普查汇编》一书，共收录了177份农作物种质资源，按粮食、经济、蔬菜、果树、中药材五类进行归类描述。希望本书的出版能为广大的农业从业人员、种业研究人员提供有益的参考。

本书的编写参考了《中国果树种质资源研究与利用》《广西农作物种质资源》等文献，得到了山东省种子管理总站、济南市农业农村局、济南市各任务区县领导和同行的指导、支持与帮助，特别是济南市资源普查技术团队、各区县种子管理部门相关人员在普查过程中的辛勤付出，在此一并谨致谢意。由于种质资源普查工作时间跨度长、涉及范围广、专业要求高，加上普查员队伍不稳定，编纂时间仓促，水平有限，错漏之处在所难免，敬请读者、同行专家批评指正。

编者

2022年10月

目 录

CONTENTS

第一章 粮食作物

1. 济阳仁风小麦

【作物名称及种质名称】 小麦 济阳仁风小麦

【科属及拉丁名】禾本科Gramineae小麦属*Triticum*

【资源采集地】济阳区仁风镇大里村

【生物学特性】一年生直立草本植物。茎直立、丛生,叶绿色、长披针形,穗状花序,颖果成熟呈黄色。该品种耐盐碱、抗旱、耐寒、耐贫瘠,当年10月下旬播种,次年6月中旬收获,亩产400千克以上。

【资源利用概况】该品种为地方品种,当地农户已种植20年以上,种植区域集中在济阳区仁风镇附近。与本地其他推广品种相比,抗性较强、适应性较好、管理简单。

小麦是一种在世界各地广泛种植的谷类作物,小麦的颖果是人类的主食之一,磨成面粉后可制作面包、馒头、饼干、面条等食物,发酵后可制成啤酒、酒精、白酒或生物质燃料。

2. 济阳紫麦

【作物名称及种质名称】 小麦 济阳紫麦

【科属及拉丁名】禾本科Gramineae小麦属*Triticum*

【资源采集地】济阳区济阳街道高楼村

【生物学特性】一年生直立草本植物。茎直立、丛生,叶绿色、长披针形,穗状花序,颖果呈紫色。该品种高产、优质、耐盐碱、抗旱、耐寒。当年10月下旬播种,次年6月中旬收获,亩产350千克以上。

【资源利用概况】该品种为地方品种,当地农户已种植20年以上。种植区域集中在济阳区济阳街道高楼村附近,因面粉质量佳、口感好而备受当地老百姓喜爱。紫色小麦的颜色集中在种皮上,麦粒是原色,呈现紫色的原因是富含花青素,花青素是类黄酮物质,可以抗氧化、抗衰老。

3. 白玉米

【作物名称及种质名称】　玉米　　白玉米

【科属及拉丁名】禾本科Gramineae玉蜀黍属*Zea*

【资源采集地】莱芜区茶业口镇逯家岭村

【生物学特性】一年生高大草本植物。秆直立、不分枝，叶片深绿挺直，白轴白粒，粒型马齿形，穗长约24厘米，穗粗约6厘米，口感软糯、适合煮粥。该品种抗旱、耐涝。4月上旬播种，9月下旬收获，亩产350～400千克。

【资源利用概况】白玉米为地方品种，又被称为综合种。当地农户已种植30年以上，性状稳定，种植区域集中在莱芜区茶业口镇逯家岭村附近。白玉米性平、味甘淡，中医上具有益肺宁心、健脾开胃、降胆固醇、健脑、利尿、利胆、降血压、降血脂的功效。

4. 小白玉米

【作物名称及种质名称】　玉米　　小白玉米

【科属及拉丁名】禾本科Gramineae玉蜀黍属*Zea*

【资源采集地】莱芜区和庄镇平州顶村

【生物学特性】一年生高大草本植物。秆直立，不分枝，株高约200厘米，穗长15

厘米左右，穗行约12行，千粒重260克左右，白轴白粒，叶片深绿挺直，透光性好。亩产籽粒350千克左右。

【资源利用概况】该品种为地方品种，当地农户已种植30年以上。播种到采收鲜食玉米85天左右，常分期播种，春季播种可早上市。

5. 小紫玉米

【作物名称及种质名称】 玉米　小紫玉米
【科属及拉丁名】禾本科Gramineae玉蜀黍属*Zea*
【资源采集地】莱芜区和庄镇平州顶村
【生物学特性】一年生高大草本植物。秆直立，不分枝，株高1.5米左右。5月中旬播种，9月下旬收获，成熟期100天左右。每株一般结1~2个果穗，乳熟期呈晶莹的象牙色，蜡熟期渐呈浅红色，成熟后变成紫色，晒干后呈紫黑色，果穗长10厘米左右，千粒重为120克左右，亩产约300千克。

【资源利用概况】该品种为地方品种，当地农户已种植30年以上。因该品种抗性好、籽粒黏度高备受当地农户喜爱。

紫玉米可食用并且具有极高营养价值，不仅含有大量的酚化合物，还含有花青素，这两种成分有利于人类的健康。近年来，紫玉米受到越来越广泛的关注。

6. 钢城粘玉米

【作物名称及种质名称】 玉米　钢城粘玉米
【科属及拉丁名】禾本科Gramineae玉蜀黍属*Zea*

【资源采集地】钢城区汶源街道东王家庄村

【生物学特性】一年生高大草本植物。株型松散，秆直立，株高1.5米左右，雄穗分枝少且长，一般结2～3个果穗，果穗长20厘米左右。该品种优质、抗病，4月上旬播种，9月上旬收获，亩产300～400千克。

【资源利用概况】该品种为地方品种，当地农户已种植30年以上。该玉米植株较小，栽培技术简单，籽粒黏糯，口感好。

7. 大红芒

【作物名称及种质名称】　水稻　　大红芒

【科属及拉丁名】禾本科Gramineae稻属*Oryza*

【资源采集地】章丘区明水街道西营村

【生物学特性】一年生水生草本植物。秆直立，株高可达120厘米以上，叶鞘无毛；刺芒红色较长；单株分蘖数5～6个，穗粒数100粒左右。一般谷雨时插秧，霜降时收获，生育期180天左右。

大红芒为明水香稻代表品种之一，其米粒微黄，颗粒饱满，米质坚硬，色泽透明，品质优良，香味浓郁、清爽可口。该品种产量较低，一般亩产只有150千克左右，而且其香性等品质特点与当地的水质和土质密切相关。原种的大红芒，因其产地百脉泉一带，遍地涌泉，土肥水足，故所产稻米又称"泉头米"。

【资源利用概况】章丘明水，历史上被誉为"水乡"，是明水香稻的发源地和种植区。明水泉水清爽甘冽，水质优良，为明水香稻种植提供了得天独厚的条件，孕育出了"一株开花满坡芳，一家做饭香全庄"的香稻之王——明水香稻大红芒和小红芒。明水香米主要产于明水镇砚池村附近，尤以百脉泉"泉头米"为最，已有2 000余年种植历史，自明代就成为进奉帝王的贡品。明水也因明水香稻而声名远扬，享誉海内外。1954年，在印度举行的国际香稻品种展示会上，明水香稻以其优良的米质赢得了世界之最的美名；1993年在泰国曼谷举行的中国优质农产品及科技成果展览会上被评为金奖；2000年获农业部绿色食品认证。2023年5月，大红芒入选2022年度十大优异农作物种质资源。

8. 小红芒

【作物名称及种质名称】　水稻　　小红芒

【科属及拉丁名】禾本科Gramineae稻属*Oryza*

【资源采集地】章丘区明水街道西营村

【生物学特性】一年生水生草本植物。一般4月下旬插秧，9月下旬收获。株高100～110 cm，秆直立，叶鞘无毛，刺芒红色较短，单株分蘖数5～6个，穗粒数180粒左右，黄粒红芒，穗长粒多，米质坚硬，色泽透明，香如茉莉，纯正无邪。

【资源利用概况】该品种为地方品种，当地农户种植60年以上。该品种适宜蒸煮、香气浓郁，有"一家煮饭四邻香"之誉。2008年进行大田示范，平均亩产达420千克，比对照增产37%，综合抗性和丰产性状有明显提高。

9. 白芒

【作物名称及种质名称】 水稻 白芒

【科属及拉丁名】禾本科Gramineae稻属*Oryza*

【资源采集地】章丘区明水街道西营村

【生物学特性】一年生水生草本植物。秆直立，叶鞘无毛，刺芒白色较短，单株分蘖数5~6个。该品种优质、耐涝、耐热，味香浓郁。一般5月上旬插秧，10月下旬收获，生育期180天左右，亩产400~450千克。

【资源利用概况】该品种为地方品种，当地农户已种植60年以上。该品种米质优良、味香浓郁，现在当地种植较少，总产量有限，主要为订单生产。

10. 清风香糯

【作物名称及种质名称】 水稻 清风香糯

【科属及拉丁名】禾本科Gramineae稻属*Oryza*

【资源采集地】济阳区济阳街道高楼村

【生物学特性】一年生水生草本植物。一般6月上旬插秧，10月下旬收获，生育期150天左右。该品种耐盐碱、耐涝，亩产约450千克。

【资源利用概况】该品种30多年前引自东北地区，经本地农户多年种植，已适应当地环境。清风香糯米质优、口感好，是当地的名优特产品。

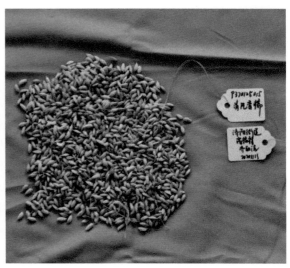

11. 钢城毛谷子

【作物名称及种质名称】 谷子　　钢城毛谷子

【科属及拉丁名】禾本科Gramineae狗尾草属*Setaria*

【资源采集地】钢城区汶源街道东王家庄村

【生物学特性】一年生草本植物。秆粗壮、分蘖少，狭长披针形叶片；穗状圆锥花序；穗茎中弯，圆锥穗型；刚毛长，故称毛谷子。谷穗成熟后金黄色，卵圆形籽实，黄色。一般5月上旬播种，9月上旬收获，生育期120天左右，亩产250千克以上。该品种具有优质、抗病、抗旱、广适、耐贫瘠、耐热的特性。

【资源利用概况】该品种为地方品种，当地农户已种植30年以上，主要为零星种植，多用于市场零售及初加工销售，如五谷杂粮煎饼等。

12. 钢城黍谷子

【作物名称及种质名称】 谷子 钢城黍谷子

【科属及拉丁名】禾本科Gramineae狗尾草属*Setaria*

【资源采集地】钢城区汶源街道东王家庄村

【生物学特性】一年生草本植物。秆粗壮、分蘖少，狭长披针形叶片；穗状圆锥花序；穗茎中弯，圆锥穗型；谷穗成熟后呈现红褐色，卵圆形籽实。一般5月上旬播种，9月上旬收获，生育期120天左右，亩产200~250千克。

【资源利用概况】该品种为地方品种，当地农户已种植20年以上，该品种适应性强，耐寒、耐热、耐贫瘠，对生长环境要求不高。

13. 母鸡嘴

【作物名称及种质名称】 谷子 母鸡嘴

【科属及拉丁名】禾本科Gramineae狗尾草属*Setaria*

【资源采集地】钢城区颜庄街道柳桥峪村

【生物学特性】一年生草本植物。秆粗壮，叶片狭长披针形；穗状圆锥花序；穗长30厘米，穗茎中弯，圆锥穗型。该品种适应性强，5月中旬播种，9月下旬收获，生育期130天左右，亩产250千克以上。

【资源利用概况】该品种为地方品种，当地农户已种植20年以上，几乎家家户户均有种植。小米醇香，熬粥后黏稠，口感好。农户将一部分谷子进行初加工，如五谷杂粮煎饼等，进行市场零售，另一部分作为原材料提供给企业，加工成小米，包装后，进入各大超市销售。

14. 老虎头谷子

【作物名称及种质名称】 谷子 老虎头谷子

【科属及拉丁名】禾本科Gramineae狗尾草属*Setaria*

【资源采集地】历城区彩石街道孟家村

【生物学特性】一年生草本植物。秆粗壮、分蘖少，狭长披针形叶片；穗状圆锥花序；谷穗整体较大，前段膨胀，形似虎头；谷穗成熟后呈现金黄色，籽粒卵圆形，黄色。该品种高产、耐贫瘠。一般5月上旬播种，9月下旬收获，亩产约300千克。

【资源利用概况】该品种为地方品种，当地农户已种植30年以上。

15. 红粘谷

【作物名称及种质名称】 谷子 红粘谷

【科属及拉丁名】禾本科Gramineae狗尾草属*Setaria*

【资源采集地】历城区港沟街道桃科村

【生物学特性】一年生草本植物。秆粗壮、分蘖少，狭长披针形叶片；穗状圆锥花序；穗茎中弯，圆锥穗型；谷穗成熟后呈现红色，卵圆形红色籽实。一般5月上旬播种，8月上旬收获，亩产约250千克。该品种耐寒、耐热、耐贫瘠。

【资源利用概况】该品种为地方品种，当地农户已种植30年以上。该品种糯性好，农户多用其制作黏糕。

16. 黄粘谷

【作物名称及种质名称】 谷子 黄粘谷

【科属及拉丁名】禾本科Gramineae狗尾草属Setaria

【资源采集地】历城区港沟街道桃科村

【生物学特性】一年生草本植物。秆粗壮、分蘖少，狭长披针形叶片；穗状圆锥花序；穗茎中弯，圆锥穗型；谷穗成熟后呈现浅黄色，卵圆形浅黄色籽实。该品种耐寒、耐热、耐贫瘠。一般5月上旬播种，8月下旬收获，亩产约250千克。

【资源利用概况】该品种为地方品种，当地农户已种植20年以上。该品种糯性好，农户多用于制作黏糕。

17. 平阴谷子

【作物名称及种质名称】 谷子　　平阴谷子

【科属及拉丁名】禾本科Gramineae狗尾草属*Setaria*

【资源采集地】平阴县锦水街道东孙庄村

【生物学特性】一年生草本植物。茎秆粗壮，株高约150厘米，狭长披针形叶片，穗长约25厘米，穗茎中弯，圆锥穗型。一般4月下旬播种，9月中旬收获，生育期140天左右，亩产约250千克。

【资源利用概况】该品种为地方品种，种植历史较长，在当地是比较古老的品种。

 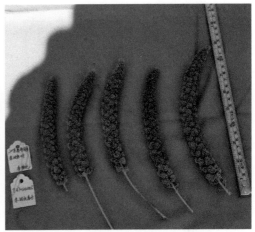

18. 千斤谷

【作物名称及种质名称】 谷子　　千斤谷

【科属及拉丁名】禾本科Gramineae狗尾草属*Setaria*

【资源采集地】平阴县安城镇小官村

【生物学特性】一年生草本植物。茎秆粗壮，株高约140厘米，穗长20厘米，穗茎中弯，穗码紧实、刚毛短，颜色黄亮，穗纺锤形。一般4月中旬播种，9月下旬收获，生育期160天左右，亩产400千克以上。

【资源利用概况】该品种为地方品种，当地农户已种植30年以上。小米米粒圆润，米质优良，食用味佳。

19. 墙头搭

【作物名称及种质名称】 谷子　　墙头搭

【科属及拉丁名】禾本科Gramineae狗尾草属*Setaria*

【资源采集地】平阴县孔村镇北毛峪村

【生物学特性】一年生草本植物。茎秆粗壮，植株较高，狭长披针形叶片，穗长约35厘米，刚毛较长，穗茎钩型，圆锥穗型。该品种一般5月上旬播种，9月下旬收获，亩产250千克以上。

【资源利用概况】该品种为地方老品种，当地农户已种植20年以上，因谷穗较长，收获后可搭在墙头上晾晒，故称墙头搭。墙头搭谷子在当地种植面积有数千亩，大多在山坡地种植。因小米香、品质好、产量高，深受本地村民喜爱。

20. 平阴粘谷

【作物名称及种质名称】 谷子　　平阴粘谷

【科属及拉丁名】禾本科Gramineae狗尾草属*Setaria*

【资源采集地】平阴县孔村镇北毛峪村

【生物学特性】一年生草本植物。茎秆粗壮，株高约130厘米，狭长披针形叶片，穗长25～30厘米，穗茎中弯，圆锥穗型。植株营养供应充足时，穗顶部有2～3个分枝。该品种一般4月下旬播种，9月中旬收获，亩产250千克以上。

【资源利用概况】该品种为地方品种，当地农户已种植30年以上。

21. 平阴孔村红粘谷

【作物名称及种质名称】　谷子　　平阴孔村红粘谷

【科属及拉丁名】禾本科Gramineae狗尾草属*Setaria*

【资源采集地】平阴县孔村镇北毛峪村

【生物学特性】一年生草本植物。茎秆粗壮，株高150～160厘米，狭长披针形叶片，穗长约20厘米，穗码松散，穗茎中弯，穗型棒状，成熟后穗呈现红色，谷粒淡红色。该品种一般5月中旬播种，9月下旬收获，亩产250千克以上。

【资源利用概况】该品种为地方品种，农户已种植30年以上。该品种小米制作熟食黏度大，常用于制作黏糕。

22. 红姑娘

【作物名称及种质名称】 谷子　　红姑娘

【科属及拉丁名】禾本科Gramineae狗尾草属*Setaria*

【资源采集地】长清区双泉乡高庄村

【生物学特性】一年生草本植物。株高约150厘米，穗长25厘米，穗码松散，穗茎中弯、粗壮，穗型棒状，红壳黄米。小米香味浓、口感好，特别是黏性大，适合做黏糕。该品种根系发达，抗旱能力强，耐贫瘠。一般5月上旬播种，9月上旬收获，亩产较低，约200千克。

【资源利用概况】红姑娘为地方品种，据当地老人介绍至少有七八十年的历史，因品质好长期留种，但种植面积很少，只有几十亩。

23. 黄粘谷

【作物名称及种质名称】 谷子　　黄粘谷

【科属及拉丁名】禾本科Gramineae狗尾草属*Setaria*

【资源采集地】长清区双泉乡高庄村

【生物学特性】一年生草本植物。株高120~130厘米，穗长可达30厘米，穗茎中弯，穗型圆锥，黄壳黄米。该品种根系发达，抗旱能力强，耐贫瘠。一般5月上旬播种，9月中旬收获，生育期120天左右，亩产250~300千克。

【资源利用概况】该品种为地方品种，当地农户已种植20年以上，因小米口感香糯、品质好长期留种。

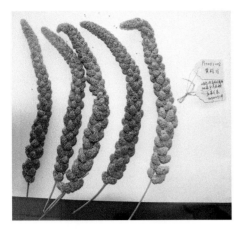

24. 狼尾巴

【作物名称及种质名称】 谷子 狼尾巴

【科属及拉丁名】禾本科Gramineae狗尾草属*Setaria*

【资源采集地】长清区孝里镇胡林村

【生物学特性】一年生草本植物。株高约100厘米，穗长可达30厘米，穗茎下垂，形似狼尾巴，圆锥穗型，黄壳黄米。一般5月上旬播种，9月中旬收获，亩产250～300千克。该品种优质、抗旱、耐贫瘠。

【资源利用概况】该品种为地方品种，当地农户已种植20年以上。

25. 天鹅蛋

【作物名称及种质名称】 谷子 天鹅蛋

【科属及拉丁名】禾本科Gramineae狗尾草属*Setaria*

【资源采集地】长清区孝里镇胡林村

【生物学特性】一年生草本植物。株高约120厘米，穗长25～30厘米，穗茎中弯，圆筒穗型，穗码圆球形，形似天鹅蛋，黄壳黄米。一般5月中旬播种，9月下旬收获，亩产可达400千克。该品种高产、抗旱、优质、晚熟、耐贫瘠。

【资源利用概况】该品种为地方品种，当地农户已种植30年以上。

26. 刀把谷

【作物名称及种质名称】　谷子　　刀把谷

【科属及拉丁名】禾本科Gramineae狗尾草属*Setaria*

【资源采集地】章丘区普集街道西山村

【生物学特性】一年生草本植物。茎秆粗壮，狭长披针形叶片，穗长约25厘米，谷穗形似刀把。刀把谷抗旱、耐贫瘠，小米色泽金黄，熬出来的小米粥黏稠、香味浓、口感好。该品种一般5月上旬播种，9月下旬收获，亩产约300千克。

【资源利用概况】该品种为地方品种，当地农户已种植20年以上，在2019年济南市"泉城斗米大会"上获得"济南市优质小米金奖"称号。

27. 阴天旱

【作物名称及种质名称】　谷子　　阴天旱

【科属及拉丁名】禾本科Gramineae狗尾草属*Setaria*

【资源采集地】章丘区曹范街道孟张村

【生物学特性】一年生草本植物。茎秆粗壮，狭长披针形叶片，穗长约30厘米，谷粒金黄色。阴天的时候，谷子叶片下垂，似萎蔫状，故称阴天旱。该品种一般4月下旬播种，9月中旬收获，亩产约300千克。阴天旱抗旱、耐贫瘠、耐热。

【资源利用概况】该品种为地方品种，当地农户已种植30年以上。米粒熬粥后汤浓、色黄、香气四溢。

28. 长清稷子

【作物名称及种质名称】　黍稷　　长清稷子

【科属及拉丁名】禾本科Gramineae黍属*Panicum*

【资源采集地】长清区双泉乡五眼井村

【生物学特性】一年生草本植物，茎秆粗壮、直立、无分蘖，叶片呈柳叶状，叶鞘松弛，圆锥花序较紧密，成熟时下垂，绿色。穗部分枝稀疏，穗的末级分枝顶端着生小穗，小穗一般有2朵小花。籽粒为带壳颖果，呈黄色。该品种优质、抗病、抗旱、耐贫瘠，一般5月上旬播种，9月上旬收获。亩产约150千克。

【资源利用概况】该品种为地方品种，当地农户已种植20年以上。农户多用穗秆做扫帚。黍稷是人类最早的栽培谷物之一，供食用或酿酒，秆叶可作为牲畜饲料。

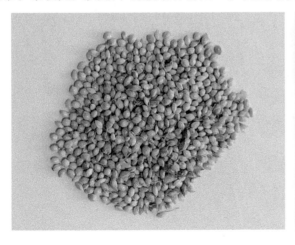

29. 平阴黍子

【作物名称及种质名称】 黍稷 平阴黍子

【科属及拉丁名】禾本科Gramineae黍属*Panicum*

【资源采集地】平阴县安城镇东毛铺村

【生物学特性】一年生草本植物，茎秆细、直立，叶片线形，圆锥花序开展，成熟时下垂。籽粒为带壳颖果，呈黄白色。该品种优质、抗病、广适、耐旱，一般4月上旬播种，9月中旬收获，亩产150～200千克。

【资源利用概况】该品种为地方品种，当地农户已种植20年以上。可用来做年糕或窝头。黍米是中国北方的主要糯食，也是酿造黄酒的原料。黍稷籽粒还是家禽的精饲料，秸秆可供饲用。

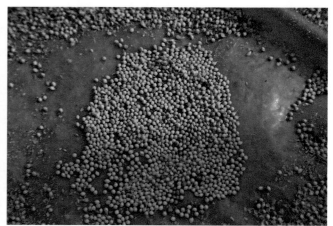

30. 野生荞麦

【作物名称及种质名称】 荞麦 野生荞麦

【科属及拉丁名】蓼科Polygonaceae荞麦属*Fagopyrum*

【资源采集地】历城区高尔乡花坦村

【生物学特性】一年生草本植物。株高50厘米，茎直立、红色，上部分枝绿色、具纵棱。叶三角形；下部叶具长叶柄。花序总状、顶生，白花簇生。一般10月上旬收获，籽粒分期成熟，易落。

【资源利用概况】野生资源，散生于田间、荒地。比普通荞麦栽培品种更抗旱、耐贫瘠，可作为新品种选育的种质资源。荞麦具有容易煮熟、容易消化、容易加工的特点，且营养丰富，具有一定的保健功能。

31. 钢城念珠薏苡

【作物名称及种质名称】 薏苡 钢城念珠薏苡

【科属及拉丁名】禾本科Gramineae薏苡属*Coix*

【资源采集地】钢城区汶源街道柿子峪村

【生物学特性】一年生粗壮草本植物。秆直立丛生，具多节。叶鞘短于其节间；叶舌干膜质；叶片扁平宽大，开展，基部圆形或近心形，中脉粗厚，在下面隆起，边缘粗糙。对土壤要求不严，耐贫瘠。

【资源利用概况】野生资源，散生于田间、荒地。薏苡适应性强，薏苡为念佛穿珠用的菩提珠子，总苞坚硬，美观，工艺价值高。薏苡秸秆也是优良的饲料。薏苡临床常用于健脾养胃、祛湿消肿等。

32. 长葶高粱

【作物名称及种质名称】 高粱 长葶高粱

【科属及拉丁名】禾本科Gramineae高粱属*Sorghum*

【资源采集地】济阳区仁风镇大里村

【生物学特性】禾本科一年生草本植物。秆直立，株高近2米，基部节上具支撑根。颖果两面平凸、红色，小穗线形。该品种抗病，抗旱，耐热，耐贫瘠。一般4月上旬播种，10月下旬收获。

【资源利用概况】该品种为地方品种，农户已种植20年以上。高粱葶秆较长，农户多用于扎扫帚或其他工艺品。

33. 挺杆高粱

【作物名称及种质名称】　高粱　　挺杆高粱

【科属及拉丁名】禾本科Gramineae高粱属*Sorghum*

【资源采集地】历城区彩石街道康井孟村

【生物学特性】禾本科一年生草本植物。秆直立，叶鞘稍有白粉；颖果两面平凸，红棕色。该品种抗病、抗虫、抗旱，耐热、耐贫瘠，一般5月中旬播种，10月中旬收获。

【资源利用概况】该品种为地方品种，农户已种植20年以上。茎秆上挺长直、光滑，适合农家制作盖帘或其他工艺品。

34. 落地出

【作物名称及种质名称】 高粱 落地出

【科属及拉丁名】禾本科Gramineae高粱属*Sorghum*

【资源采集地】平阴县榆山街道老博士村

【生物学特性】禾本科一年生草本植物。秆直立，株高2米以上，颖果两面平凸、绿色，成熟后转为黑褐色，根系很发达。该品种抗旱、耐涝，一般4月中旬播种，9月下旬收获。

【资源利用概况】该品种为地方品种，当地农户已种植30年以上。收获后茎秆多用于制作工艺品，籽粒食用。

35. 黏高粱

【作物名称及种质名称】 高粱 黏高粱

【科属及拉丁名】禾本科Gramineae高粱属*Sorghum*

【资源采集地】莱芜区茶业口镇逯家岭村

【生物学特性】禾本科一年生草本植物。植株高大，秆直立；穗部分枝较多，籽粒成熟后呈黄色、边缘有红色。该品种抗旱、耐涝，一般3月上旬播种，9月下旬收获。

【资源利用概况】该品种为地方品种，当地农户已种植20年以上。该品种成熟后籽粒主要用来食用。

36. 六月子

【作物名称及种质名称】 高粱 六月子

【科属及拉丁名】禾本科Gramineae高粱属*Sorghum*

【资源采集地】长清区归德镇平房村

【生物学特性】禾本科一年生草本植物。秆上部稍倾斜；穗部分枝较多，籽粒成熟后通体黑色。该品种抗旱、广适，一般4月中旬播种，9月上旬收获。

【资源利用概况】该品种为地方品种，当地农户已种植20年以上。近年来，茎秆多用于制作工艺品。

37. 毛绿豆

【作物名称及种质名称】 绿豆 毛绿豆

【科属及拉丁名】豆科Leguminosae豇豆属*Vigna*

【资源采集地】长清区孝里镇房头村

【生物学特性】一年生草本植物。茎直立，叶平展。荚果线状圆柱形，成熟后由绿色变为黑色，荚果内含种子5～6颗，淡绿色、长圆形，种脐白色而不凹陷。该品种优质、广适，一般5月上旬播种，8月下旬收获，亩产150千克左右。

【资源利用概况】该品种为地方品种，当地农户已种植20年以上。籽粒表皮无光泽、沙性大，易煮烂，常用于熬粥或做馅料、甜品。绿豆汤是夏季家庭常备清暑饮料，清暑开胃。

38. 野生绿豆

【作物名称及种质名称】　绿豆　　野生绿豆

【科属及拉丁名】豆科Leguminosae豇豆属*Vigna*

【资源采集地】历城区港沟街道冶河村

【生物学特性】一年生草本植物，无限生长，茎匍匐、叶舒展，总状花序腋生，荚果线状圆柱形，成熟后呈黑色。荚果内含种子4～5颗，黄绿色、长圆形，种脐白色而不凹陷。

【资源利用概况】该品种为野生品种，常生于河边及低山灌丛中。味甘、性凉，含有蛋白质、膳食纤维、钾、钙等营养物质，有清热解暑、增进食欲等功效。

39. 北丈八丘红小豆

【作物名称及种质名称】 小豆 北丈八丘红小豆

【科属及拉丁名】豆科Leguminosae豇豆属*Vigna*

【资源采集地】钢城区汶源街道北丈八丘村

【生物学特性】一年生直立草本植物。植株被疏长毛。花黄色，荚果圆柱状；荚果成熟后由绿转红，一般内有6～10粒种子，种子暗红色，长圆形。该品种喜温、喜光、抗涝、适应性强，果实优质。一般4月上旬播种，9月上旬收获，亩产约150千克。

【资源利用概况】该品种为地方品种，当地农户已种植50年以上。红小豆蛋白质等营养成分较高，也可入药，治水肿胀满等症。

40. 平阴红小豆

【作物名称及种质名称】 小豆 平阴红小豆

【科属及拉丁名】豆科Leguminosae豇豆属*Vigna*

【资源采集地】平阴县孔村镇北毛峪村

【生物学特性】一年生直立草本植物。株高30～40厘米，花黄色，生于短的总花梗顶端，荚果圆柱状，一般内有5～6粒种子，种子成熟后通常暗红色，长圆形，两头截平。该品种抗旱、耐涝，一般5月下旬播种，9月上旬收获，亩产150～200千克。

【资源利用概况】该品种为地方品种，当地农户已种植30年以上。一般用于煮汤做粥，口感好。

41. 红爬豆

【作物名称及种质名称】　小豆　　红爬豆

【科属及拉丁名】豆科Leguminosae豇豆属*Vigna*

【资源采集地】长清区双泉乡五眼井村

【生物学特性】一年生缠绕草本植物。花黄色，荚果细长、下弯、两头尖，荚果成熟后由绿色转为红褐色，分批成熟，一般内有8～10粒种子，种子细长、表皮赤红色。该品种抗旱性好，一般4月中旬播种，10月中旬收获，亩产150千克左右。

【资源利用概况】该品种为地方品种，当地农户已种植60年以上。小豆煮粥易烂，豆面质地细腻、口感好。

42. 石闸红小豆

【作物名称及种质名称】　小豆　　石闸红小豆

【科属及拉丁名】豆科Leguminosae豇豆属*Vigna*

【资源采集地】市中区十六里河街道石闸村

【生物学特性】一年生缠绕草本植物。株高40～50厘米，花黄色，荚果圆柱状、长10～15厘米，荚果成熟后不容易炸裂，一般内有4～5粒种子，种子红色，细长粒。该品种抗旱、耐贫瘠，一般6月上旬播种，9月下旬收获，亩产约100千克。

【资源利用概况】该品种为地方品种，当地农户已种植30年以上。小豆口感面沙，主要用于做杂粮粥，易煮烂。

43. 济阳野生大豆

【作物名称及种质名称】　大豆　　济阳野生大豆
【科属及拉丁名】豆科Leguminosae大豆属*Glycine*
【资源采集地】济阳区回河街道前刘村
【生物学特性】一年生草本植物，茎缠绕，长1米以上。叶互生，三小叶羽状复叶。小叶卵状披针形，长3.5～5厘米，宽1.5～2.5厘米。蝶形花冠，花小仅5毫米。荚果镰刀形，较短，密被黄毛，含有2～3粒种子。种子椭圆形，粒小，黑褐色。

【资源利用概况】野生资源，河沟旁、马路边即可生长，面积较小。当地农户大多用来喂鸽子，或磨面后掺杂其他粮食，蒸粗粮馒头。野生大豆是大豆的近缘种，并且野生大豆还有耐盐碱、抗寒、抗病害、营养丰富等许多优良性状，是改良大豆的重要种质资源，被列为国家首批重点保护野生植物、国家二级保护植物。

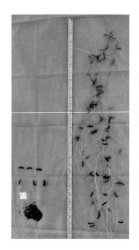

44. 济阳兔眼豆

【作物名称及种质名称】 大豆 济阳兔眼豆

【科属及拉丁名】 豆科 Leguminosae 大豆属 Glycine

【资源采集地】 济阳区仁风镇北街村

【生物学特性】 一年生草本。茎直立，有分枝。叶具3小叶，被黄色柔毛，小叶宽卵形、纸质，总状花序，荚果稍弯。豆粒红褐色，形似兔眼。5月中旬播种，10月下旬收获。该品种抗病、抗旱、耐贫瘠，高抗锈病。

【资源利用概况】 该品种为地方品种，当地种植历史超过60年，但种植面积较小。豆子出油率较低，主要用于腌制咸菜，与香菜、芹菜一同腌制口味更佳。

45. 济阳大粒黑豆

【作物名称及种质名称】 大豆 济阳大粒黑豆

【科属及拉丁名】 豆科 Leguminosae 大豆属 Glycine

【资源采集地】 济阳区仁风镇南街村

【生物学特性】 一年生草本。茎直立，有分枝。荚果成熟后不开裂，种子椭圆形，种皮光滑、黑色。一般5月中旬播种，9月下旬收获。该品种产量高，每亩产量可达250千克。

【资源利用概况】 该品种为地方品种，当地种植历史超过70年。现种植面积几百亩。主要用于榨油、做豆腐、磨豆浆等。

46. 平阴小黑豆

【作物名称及种质名称】　　大豆　　平阴小黑豆

【科属及拉丁名】豆科Leguminosae大豆属*Glycine*

【资源采集地】平阴县东阿镇直东峪村

【生物学特性】一年生草本植物。茎缠绕，可达1米。豆荚细长，种子3～4粒，种子黑色。4月上旬播种，9月下旬收获。种子大小似小豆，产量低。

【资源利用概况】该品种为地方品种，当地种植历史超过70年，近几年种植面积较少。该品种豆粒外形似鼠眼，也叫鼠眼黑豆。黑豆中医上有补肾之功效，和大枣同煮食用效果更佳。

47. 大豆子

【作物名称及种质名称】　　大豆　　大豆子

【科属及拉丁名】豆科Leguminosae大豆属*Glycine*

【资源采集地】章丘区普集街道西山村

　　【生物学特性】一年生草本植物。茎直立，有分枝。茎秆粗壮，抗倒伏。豆粒成熟后为翠绿色，比普通黄豆大很多。

　　【资源利用概况】该品种为地方品种，当地种植历史超过60年，属于毛豆品种。成熟的豆粒煮熟后口感脆、甜，多用于炒菜。

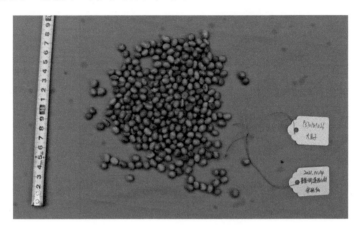

第二章　经济作物

1. 济阳黑花生

【作物名称及种质名称】 花生 济阳黑花生

【科属及拉丁名】豆科Leguminosae花生属*Arachis*

【资源采集地】济阳区仁风镇南街村

【生物学特性】一年生草本植物。根部有丰富的根瘤，茎和分枝均有棱，叶纸质对生、绿色、卵圆状，花黄色，荚果膨胀、荚厚，果壳坚硬，内有果仁2~3粒，种皮的颜色为黑紫色。该品种抗性好，耐盐碱、耐旱、耐贫瘠，适宜沙壤土种植。一般5月中旬播种，9月下旬收获，亩产200千克以上。

【资源利用概况】该品种为地方品种，当地农户已种植20年以上。黑花生含多种营养成分，与普通花生相比，其粗蛋白、精氨酸、钾、锌等含量均比较高。

2. 白玉花生

【作物名称及种质名称】 花生 白玉花生

【科属及拉丁名】豆科Leguminosae花生属*Arachis*

【资源采集地】莱芜区和庄镇南麻峪村

【生物学特性】一年生草本植物。荚果膨胀、荚厚，果壳坚硬，内有果仁1~2粒，种皮的颜色为淡白色，如白玉一般。该品种抗性好，耐贫瘠。一般4月中下旬播种，8月底9月初收获，生育期130天左右，亩产200千克左右。

【资源利用概况】该品种为地方品种，当地农户已种植10年以上。白玉花生果仁蛋白质含量高达31.2%，含油量高达51.5%，口味甘香可口，回味无穷，具有润肺化痰、滋养调气、清咽止咳的功效。

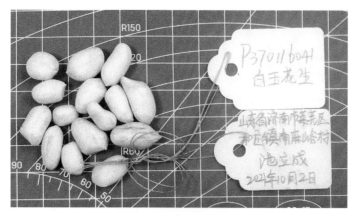

3. 彩仁红冠花生

【作物名称及种质名称】 花生 彩仁红冠花生

【科属及拉丁名】豆科Leguminosae花生属Arachis

【资源采集地】莱芜区和庄镇南麻峪村

【生物学特性】一年生草本植物。荚果较小，果壳坚硬，内有果仁1~2粒，细长，种皮的颜色为红白相间。该品种抗性好，耐贫瘠，适宜沙壤土种植。一般4月中下旬播种，8月下旬收获，生育期120天左右，亩产100千克左右。

【资源利用概况】该品种为地方品种，当地农户已种植10年以上。彩仁红冠花生具有凝血、造血、润肺止咳的功能。

4. 紫花生

【作物名称及种质名称】 花生 紫花生

【科属及拉丁名】豆科Leguminosae花生属Arachis

【资源采集地】莱芜区和庄镇南麻峪村

【生物学特性】一年生草本植物。荚果比较长，网纹颜色深，内有果仁3~4粒，种皮的颜色为紫红色。该品种抗性好，耐贫瘠，适宜沙壤土种植。一般4月中下旬播种，8月下旬收获，生育期120天左右，亩产150千克左右。

【资源利用概况】该品种为地方品种，当地农户已种植20年以上。紫花生具有醒脾胃、化痰润肺和清咽止咳的功效。

5. 彩仁花冠花生

【作物名称及种质名称】　花生　　彩仁花冠花生

【科属及拉丁名】豆科Leguminosae花生属*Arachis*

【资源采集地】莱芜区和庄镇南麻峪村

【生物学特性】一年生草本植物。荚果比较长，网纹深，一般内有果仁2~3粒，种皮的颜色为紫红色条纹状。该品种抗性好，耐贫瘠，适宜沙壤土种植。一般4月中下旬播种，9月下旬收获，生育期160天左右，亩产100千克左右。

【资源利用概况】该品种为地方品种，当地农户已种植10年以上。彩仁花冠花生营养丰富，富含多种人体必需的微量元素。

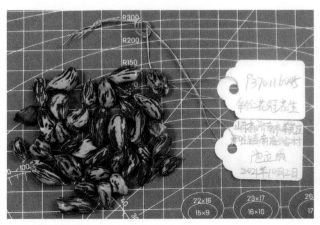

6. 红花生

【作物名称及种质名称】 花生 红花生

【科属及拉丁名】豆科Leguminosae花生属*Arachis*

【资源采集地】莱芜区和庄镇南麻峪村

【生物学特性】一年生草本植物。莢果比较长，一般内有果仁4粒，种皮的颜色为红色，又称"四粒红"。该品种抗性好，耐贫瘠，适宜沙壤土种植。一般4月中下旬播种，8月中旬收获，生育期110天左右，亩产可达200千克。

【资源利用概况】该品种为地方品种，当地农户已种植20年以上。红花生适宜沙壤土种植，对水肥条件要求低，且具有生育期短、产量较高的特点。

7. 红麻

【作物名称及种质名称】 红麻 红麻

【科属及拉丁名】锦葵科Malvaceae木槿属*Hibiscus*

【资源采集地】莱芜区羊里街道仪封村

【生物学特性】一年生草本植物。株高3米，茎直立，疏被锐利小刺。叶异型，下部叶心形，不分裂，上部叶掌状深裂，托叶丝状。花单生于枝端叶腋间，花萼近钟状，被刺和白色绒毛，花大、黄色，内面基部红色，花瓣长圆状倒卵形。蒴果球形，密被刺毛，种子肾形。一般4月上旬种植，10月上旬可以收割。

【资源利用概况】地方品种，当地农户已种植30年以上。红麻纤维吸湿散水快，适于织麻袋、麻布、麻地毯和绳索。带皮麻秆可作造纸原料，剥皮后的麻骨用于烧制活性炭和制纤维板。麻叶亦可作饲料。

8. 平阴野生苘麻

【作物名称及种质名称】 青麻　　平阴野生苘麻

【科属及拉丁名】锦葵科Malvaceae芙蓉属*Abutilon*

【资源采集地】平阴县榆山街道三山峪村

【生物学特性】一年生亚灌木状草本。株高1～2米，茎枝被柔毛。叶互生，圆心形，先端长渐尖，花黄色，蒴果半球形、被粗毛，顶端具长芒，种子肾形，褐色，被柔毛。

【资源利用概况】野生资源，散生于田间、荒地。成熟的种子可以用来制作工业润滑油，麻秆可以用来做一些纸扎艺术品的骨架，也可以用作微型建筑的材料。

9. 红蓖麻

【作物名称及种质名称】 蓖麻　　红蓖麻

【科属及拉丁名】大戟科Euphorbiaceae蓖麻属*Ricinus*

【资源采集地】平阴县洪范池镇北崖村

【生物学特性】多年生草本植物。株高2.5米，叶片狭长、七角形，叶片呈现绿色转暗红色。圆锥花序，蒴果椭圆形，外皮呈红色，有软刺，成熟时开裂。

【资源利用概况】野生资源，散生于田间、荒地。蓖麻受病虫危害少。蓖麻是化工、轻工、冶金、机电、纺织、印刷、染料等工业和医药的重要原料，可用于制表面活性剂、稳定剂和增塑剂、泡沫塑料及弹性橡胶等。

10. 蓖麻子

【作物名称及种质名称】　蓖麻　　蓖麻子
【科属及拉丁名】大戟科Euphorbiaceae蓖麻属*Ricinus*
【资源采集地】章丘区官庄街道孟家峪村
【生物学特性】多年生草本植物。蒴果椭圆形，外皮呈灰绿色，有软刺，成熟时外皮变黄。植株粗壮，耐盐碱、抗旱、耐贫瘠，适应性强，适宜在沙土地、荒地生长。

【资源利用概况】该品种为地方品种，当地农户已种植20年以上。蓖麻药用价值较高，叶片可用于消肿拔毒、止痒，根部可用于祛风活血、止疼镇静。

11. 棉张香蒲

【作物名称及种质名称】　香蒲　　棉张香蒲
【科属及拉丁名】香蒲科Typhaceae香蒲属*Typha*
【资源采集地】槐荫区吴家堡棉张村
【生物学特性】多年生水生或沼生草本植物。根状茎乳白色，地上茎粗壮，向上渐细。叶片条形光滑无毛，叶鞘抱茎。雌雄花序紧密连接，小坚果椭圆形，果皮具长形褐色斑点。

【资源利用概况】野生资源，生于水边或池沼内。香蒲是重要的水生经济植物，其幼嫩的根被称为蒲菜，是济南特产之一，可以作为蔬菜食用。蒲菜质细嫩，纤维质少，每年5—7月是产蒲菜之时令。蒲菜能吃的部分有叶鞘抱合而成的假茎，地下根状先端的嫩茎和花茎。蒲菜有很多做法，最著名的菜品为"奶汤蒲菜"，用奶汤和蒲菜烹制而成的肴馔，脆嫩鲜香倍增，入口清淡味美，素有"济南汤菜之冠"的美誉，是济南风味菜。蒲菜作为蔬菜来食用的地方只有济南和江苏淮安等少数地方。

除食用外，香蒲还有多种用途，蒲棒晒干后可以点燃用来驱蚊，晒干的蒲叶还可以编织成凉席、蒲包、蒲鞋等生活用品。

12. 钢鞭芝麻

【作物名称及种质名称】 芝麻 钢鞭芝麻
【科属及拉丁名】胡麻科Pedaliaceae芝麻属*Sesamum*
【资源采集地】章丘区普集街道西山村
【生物学特性】一年生直立草本植物。叶子矩圆形，花朵单生于叶腋内。花白色而常有紫红色彩晕。蒴果矩圆形，长2~3厘米，直径6~12毫米，有纵棱，直立，被毛，分裂至基部。种子呈浅黄色或棕色。该品种优质、抗旱、耐贫瘠，植株壮、抗倒伏。一般5月上旬播种，9月下旬收获。因成熟时植株形似一条钢鞭，被称为"钢鞭芝麻"。

【资源利用概况】该品种为地方品种，当地农户已种植20年以上。从芝麻种子中提取的油脂，又称作香油，多用作调味油，也可用于医药用途。该品种出油率高达50%。

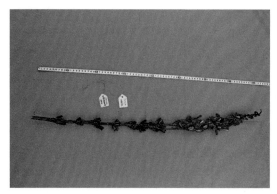

13. 红蔟藜棍

【作物名称及种质名称】　芝麻　　红蔟藜棍

【科属及拉丁名】胡麻科Pedaliaceae芝麻属*Sesamum*

【资源采集地】长清区双泉乡李庄村

【生物学特性】一年生直立草本植物。株高60厘米以上，分枝多，叶微有毛。叶子矩圆形。花簇生，排列紧密。蒴果矩圆形，有纵棱，分裂至基部，种子呈浅红色。该品种高产、优质、抗旱、耐贫瘠，一般6月上旬播种，9月中旬收获，成熟时植株呈红色、像一条带刺的长棍，因此被称为"红蔟藜棍"。

【资源利用概况】该品种为地方品种，当地农户已种植20年以上。芝麻可用作烹饪原料，亦具有一定药用价值，能治疗便秘、调节胆固醇、养血、滋润皮肤。此外，芝麻是很好的精饲料。

14. 南郑桑树

【作物名称及种质名称】 桑树 南郑桑树

【科属及拉丁名】桑科Moraceae桑属 *Morus*

【资源采集地】天桥区桑梓店街道左庄村

【生物学特性】多年生落叶乔木。叶面无毛，有光泽，菜荑花序，聚花果圆柱形，黑紫色。果熟期一般是5月中旬。具有耐寒、耐干旱，抗病、耐贫瘠的特点。

【资源利用概况】野生资源，田间自然生长，树龄20年以上。桑树果实甜度高、口感好，故村民将桑树保留至今。

15. 章丘白桑

【作物名称及种质名称】 桑树 章丘白桑

【科属及拉丁名】桑科Moraceae桑属 *Morus*

【资源采集地】章丘区普集街道西山村

【生物学特性】多年生落叶乔木。树皮褐色，叶卵形，边缘有粗锯齿，聚花果圆柱形，成熟后白色、甜度适中，个头较大，长约3厘米。该品种耐寒、耐干旱，抗病、耐贫瘠。

【资源利用概况】野生资源，田间自然生长，树龄10年以上。桑叶是桑蚕饲料，木材可制器具，枝条可编箩筐，树皮可造纸，桑椹可供食用、酿酒。

第三章 蔬菜作物

1. 章丘鲍芹

【作物名称及种质名称】 芹菜 章丘鲍芹

【科属及拉丁名】伞形科Umbelliferae芹属*Apium*

【资源采集地】章丘区刁镇街道鲍家村

【生物学特性】一年生草本植物。鲍芹植株高大、根系发达，色泽翠绿，茎柄充实肥嫩，芹芯可生食，芹香浓郁。10月底收获，亩产达5 000千克。

【资源利用概况】章丘鲍芹有几百年的种植历史，2011年被农业部列为农产品地理标志登记保护产品。章丘当地种植芹菜的特别多，而只有鲍家村的芹菜芹香浓郁，青翠碧绿，入口微甜，嚼后无渣，是其他芹菜所无法相比的，当地老百姓只认鲍家村种植的芹菜，被称为鲍家芹菜，又称鲍芹。据统计，2021年章丘鲍芹的种植面积超过5 000亩，其中鲍家村的芹菜种植面积达2 500亩。

2. 高庄芹菜

【作物名称及种质名称】 芹菜 高庄芹菜

【科属及拉丁名】伞形科Umbelliferae芹属*Apium*

【资源采集地】莱芜区高庄街道沙王庄村

【生物学特性】一年生草本植物。株高55～80厘米、股数6～15股，具有生长势强、产量高、梗实、耐储存、抗病性强、抗倒伏、韧性强等特点。7月中旬播种，9月中旬移栽，生长后期经过低温锻炼60天以上，分化出新嫩芽（芹菜芽），芹菜芽株高在40～60厘米，股数2～4股，叶小，粗纤维含量低，实心无筋，断而无丝，食而无渣，适宜生吃。

【资源利用概况】高庄芹菜为地方品种，种植历史超过百年。高庄地处汶河南岸，沿岸多为冲击平原，土质肥沃，种植的芹菜品质独特。为保护这一地方特色，2007年，当地菜农陈明利成立蔬菜种植合作社，专门从事高庄芹菜的开发，带动当地农户规模化种植，目前种植面积6 000亩左右。高庄芹菜生食热炒均可，凉拌口感嫩、脆、香、甜，味道鲜美。热炒口味清香，具有特殊的芳香气味，回味无穷。高庄芹菜不同于其他芹菜，以出售芹菜芽为主，春节前后上市，经济效益高，是当地有名的特色名贵蔬菜。2012年，高庄芹菜被农业部列为农产品地理标志登记保护产品，同年被列入《莱芜特产志》。芹菜的果实细小，具有与植株相似的香味，可作为汤和腌菜的调料。

3. 大金钩

【作物名称及种质名称】 普通韭 大金钩
【科属及拉丁名】百合科Liliaceae葱属*Allium*
【资源采集地】槐荫区玉清湖朱庄村
【生物学特性】多年生草本植物，植株粗壮。根茎横卧，鳞茎狭圆锥形，簇生、黄褐色。叶基生绿色，条形扁平，较窄。韭菜叶质肥嫩，纤维少，香味浓，有甜味。该品种分蘖力中等，耐寒力较强，产量高，较抗灰霉病。济南地区一般初春时播种，春季及秋末均可采收。

大金钩韭菜独特之处在于每年清明前后，从第2茬开始至采收结束，每次出苗后至株高10厘米左右时，第1片叶呈弯钩状，随后慢慢伸展开。

【资源利用概况】该品种为地方品种，原产于槐荫区大金庄村，因叶尖略弯曲反转，呈钩状，故称大金钩。近几年种植面积急剧减少，几近绝迹。韭菜叶、花均可作蔬菜食用，种子可入药。

4. 艾城子韭菜

【作物名称及种质名称】 普通韭 艾城子韭菜

【科属及拉丁名】百合科Liliaceae葱属*Allium*

【资源采集地】商河县孙集镇艾城村

【生物学特性】多年生草本植物，植株粗壮，高度可达50厘米。叶基部微红，条形扁平，较细。韭菜叶质肥嫩，纤维少，口感好。

【资源利用概况】该品种为地方品种，当地农户已种植30年以上，本地村民因其产量高、口感好而常年留种。

5. 赖菜

【作物名称及种质名称】　菠菜　　赖菜

【科属及拉丁名】藜科Chenopodiaceae菠菜属*Spinacia*

【资源采集地】长清区孝里镇后楚村

【生物学特性】一年生草本植物。植株长柄叶簇生，一般簇生长柄叶10~15片，叶柄长约50厘米，株高约70厘米，上部叶片呈长椭圆形，伞状分开，叶尖下垂。当年收割5~6茬，一般亩产4吨，高产5吨以上。第二年4月份开花，6月中旬种子成熟收获。该品种高产，广适，耐寒，耐贫瘠。

【资源利用概况】该品种为地方品种，在本地已种植70年以上，均为农户自家留种。赖菜外形似菠菜，但叶柄长、叶片大，可以像韭菜一样连续收割几茬。叶柄叶片开水焯后可凉拌、炒菜或做馅儿，口感好。

6. 灰豇豆

【作物名称及种质名称】　豇豆　　灰豇豆

【科属及拉丁名】豆科Leguminosae豇豆属*Vigna*

【资源采集地】钢城区艾山街道中施家峪村

【生物学特性】一年生近直立草本植物。羽状复叶具3小叶，托叶披针形。总状花序腋生，花萼浅绿色，钟状，花冠黄白色而略带青紫。荚果下垂，线形，稍肉质而膨胀，种子多颗，肾形，黑褐色。一般谷雨后播种，采摘期长。

【资源利用概况】该品种为地方品种，当地农户已种植20年以上。幼嫩荚果多用于炒菜，成熟后种子可当辅料，做各种营养粥。豇豆含有易于消化吸收的优质蛋白质，适量的碳水化合物及多种维生素、微量元素等，营养丰富。

7. 东王家庄豇豆

【作物名称及种质名称】　豇豆　　东王家庄豇豆

【科属及拉丁名】豆科Leguminosae豇豆属Vigna

【资源采集地】钢城区汶源街道东王家庄村

【生物学特性】一年生藤本植物，茎近无毛。羽状复叶。花萼钟状，花冠黄白色。荚果下垂，种子10～15颗，圆形。

【资源利用概况】该品种为地方品种，当地农户已种植20年以上。该品种喜温、喜光，适应性强，一般4月上旬播种，9月中旬收获种子。

嫩豆荚和豆粒味道鲜美，食用方法多样，可炒、煮、炖、拌、做馅等。

8. 八月忙地豆角

【作物名称及种质名称】 豇豆 八月忙地豆角

【科属及拉丁名】豆科Leguminosae豇豆属*Vigna*

【资源采集地】济阳区仁风镇大里村

【生物学特性】一年生缠绕藤本植物。羽状复叶，总状花序腋生，具长梗，荚果下垂，肉质而膨胀，种子多颗、圆形，暗红色。该品种抗青虫、抗锈病，适合各类土质。一般5月中旬播种，8月中旬收获。

【资源利用概况】该品种为地方品种，当地农户已种植20年以上。嫩豆荚可炒食，口感好，成熟种子多用于熬粥。

9. 红豆角

【作物名称及种质名称】 豇豆 红豆角

【科属及拉丁名】豆科Leguminosae豇豆属*Vigna*

【资源采集地】章丘区普集街道西山村

【生物学特性】一年生缠绕藤本植物。羽状复叶具3小叶，托叶披针形。荚果下垂，直立，线形，肉质而坚实，种子粒小、扁圆形，种皮花色。该品种优质、抗病、抗虫、抗旱、耐贫瘠。一般5月上旬播种，8月上旬收获。

【资源利用概况】该品种为地方品种，当地农户已种植20年以上。豇豆幼嫩果实多用于炒菜，成熟种子可煮粥、煮饭、制酱、制粉。

10. 平阴宋子顺山豆角

【作物名称及种质名称】 菜豆 平阴宋子顺山豆角

【科属及拉丁名】豆科Leguminosae菜豆属*Phaseolus*

【资源采集地】平阴县锦水街道宋子顺村

【生物学特性】一年生藤本植物。茎被短柔毛。荚果带形，紫红皮，稍弯曲，长10~15厘米，宽1~1.5厘米，略肿胀，无毛，顶有喙。抗旱、耐贫瘠。

【资源利用概况】该品种为地方品种，本地已种植20年以上，均为农户自留种。山豆角肉厚，口感好，主要用于炖菜。

11. 平阴大李子顺山豆角

【作物名称及种质名称】 菜豆 平阴大李子顺山豆角

【科属及拉丁名】豆科Leguminosae菜豆属*Phaseolus*

【资源采集地】平阴县锦水街道大李子顺村

【生物学特性】一年生缠绕草本。荚果带形，弯曲，成熟时绿色，长约10厘米，宽约1厘米，无毛。具有抗病、抗旱、耐贫瘠的特点。

【资源利用概况】该品种为地方品种，有30年以上的种植历史，大多为农户零星种植，面积较少。豆角肉厚，口感好。

12. 马蹄豆角

【作物名称及种质名称】 菜豆　　马蹄豆角

【科属及拉丁名】豆科Leguminosae菜豆属*Phaseolus*

【资源采集地】平阴县锦水街道毕海洋村

【生物学特性】一年生半直立草本。荚果弯曲，呈马蹄形，成熟时黄绿色，长约10厘米，宽约1厘米，无毛，略肿胀。

【资源利用概况】该品种为地方品种，当地农户自己留种，种植多年，大多数自己食用，少量作为商品销售。马蹄豆角产量一般，但抗性好，可适应多种环境。老熟的种子多用于熬粥，口感好。

13. 小芸豆

【作物名称及种质名称】 菜豆　　小芸豆

【科属及拉丁名】豆科Leguminosae菜豆属*Phaseolus*

【资源采集地】平阴县安城镇双井村

【生物学特性】一年生半直立草本植物。茎被短柔毛，荚果稍弯曲，成熟时绿色，长约10厘米，宽约1厘米，无毛。总状花序，花冠白色。适应性强、抗病性强。

【资源利用概况】该品种为地方品种，因豆角肉质厚、口感好而深受本地农户喜爱。采用的种植模式大多为小芸豆与玉米间作，既可节约土地，又可提高产量。

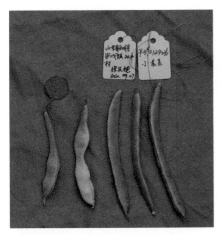

14. 平阴菜豆

【作物名称及种质名称】 菜豆　　平阴菜豆

【科属及拉丁名】豆科Leguminosae菜豆属*Phaseolus*

【资源采集地】平阴县安城镇东毛铺村

【生物学特性】一年生缠绕草本植物。花冠紫色，荚果弯曲，成熟时绿色，长可达25厘米，宽约1厘米。

【资源利用概况】该品种肉质厚、口感好，种质优，且适应性强，当地农户广泛种植。

15. 兔子腿

【作物名称及种质名称】 菜豆 兔子腿

【科属及拉丁名】豆科Leguminosae菜豆属*Phaseolus*

【资源采集地】平阴县安城镇兴隆镇村

【生物学特性】一年生缠绕草本。茎被短柔毛，花紫色。荚果稍弯曲，成熟时绿色，长约20厘米，宽约1厘米。

【资源利用概况】该品种为多年种植的老品种，肉厚、品质优、口感好、抗性强，深受当地百姓喜爱。农户大多将其与玉米间作种植。

16. 黑芸豆

【作物名称及种质名称】 菜豆 黑芸豆

【科属及拉丁名】豆科Leguminosae菜豆属*Phaseolus*

【资源采集地】章丘区普集街道西山村

【生物学特性】一年生藤本植物。荚果稍弯曲，略肿胀，成熟时绿色，长约20厘米，宽约1厘米。籽粒为黑色。

【资源利用概况】该品种为地方品种，本地山区已种植60年以上。黑芸豆常与玉米一起种植，藤蔓攀于玉米茎秆上，免去人工搭架，降低田间病虫害发生率。黑芸豆属于晚熟品种，播种期与玉米一致，但早于玉米收获。黑芸豆因产量高、管理简单，且肉质厚、口感面沙、品质好，备受农户青睐。

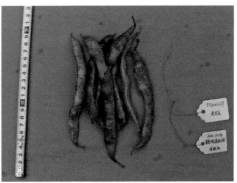

17. 紫芸豆

【作物名称及种质名称】 菜豆 紫芸豆

【科属及拉丁名】豆科Leguminosae菜豆属*Phaseolus*

【资源采集地】章丘区普集街道西山村

【生物学特性】一年生草本植物。荚果弯曲，略肿胀，成熟时紫黑色，长约20厘米，宽约1厘米，籽粒大、白色。

【资源利用概况】该品种为地方品种，本地山区已种植60年以上，最大的优点是产量高、好管理。紫芸豆越老越好吃，因肉质厚、口感好，深受消费者喜爱。

18. 猪耳朵扁豆

【作物名称及种质名称】 扁豆 猪耳朵扁豆

【科属及拉丁名】豆科Leguminosae扁豆属*Lablab*

【资源采集地】济阳区仁风镇大里村

【生物学特性】多年生缠绕藤本植物。全株无毛，茎绿色。羽状复叶，总状花序直立，花序轴粗壮，花萼钟状，花冠紫色。荚果长圆状、扁平、较宽，形似猪耳朵。种子长椭圆形，紫黑色，种脐线形、白色。该品种抗青虫、抗锈病，适合各类土质。一般4月上旬播种，采摘期长，7月下旬至10月均可采摘。

【资源利用概况】该品种为地方品种，当地农户已种植10年以上。主要是以嫩荚和嫩豆作蔬菜，口感好，但嫩荚和鲜豆含氢氰酸及一些抗营养因子，食前应充分煮熟。

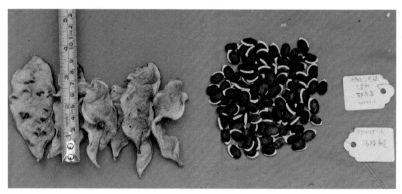

19. 平阴扁豆

【作物名称及种质名称】　扁豆　　平阴扁豆

【科属及拉丁名】豆科Leguminosae扁豆属*Lablab*

【资源采集地】平阴县安城镇东毛铺村

【生物学特性】多年生缠绕藤本植物。茎绿色、无毛，叶片心形，总状花序直立，花序轴粗壮，花簇生于每一节上。花萼钟状，花冠紫色。荚果长圆状镰形、扁平。该品种适应性强，抗病、抗虫，一般4月上旬播种，9月中旬收获。

【资源利用概况】该品种为地方品种，当地农户已种植10年以上。幼嫩的荚果多用作蔬菜，成熟的扁豆种子常作各类粥的原料，为滋补佳品，还可制成清凉饮料。

20. 商河紫扁豆

【作物名称及种质名称】 扁豆 商河紫扁豆

【科属及拉丁名】豆科Leguminosae扁豆属*Lablab*

【资源采集地】商河县贾庄镇东双庙村

【生物学特性】一年生缠绕藤本植物。总状花序，小苞片近圆形，花簇生于每一节上，花萼钟状，花冠淡紫色。荚果圆柱状、稍弯、紫色，种子椭圆形、红褐色，种脐白色、线形。一般6月上旬播种，9月中旬开始采收。

【资源利用概况】该品种为地方品种，当地农户已种植20年以上。紫扁豆高产优质，豆角大，肉厚、粒大，营养丰富，口感好，且病虫发生较少，适应性强。

21. 大夹白扁豆

【作物名称及种质名称】 扁豆 大夹白扁豆

【科属及拉丁名】豆科Leguminosae小扁豆属*Lens*

【资源采集地】历城区彩石街道大龙堂村

【生物学特性】一年生缠绕藤本植物。茎绿色，总状花序直立，花序轴粗壮，花萼钟状，花冠白色，荚果镰形、扁平内凹，成熟后呈白色，种子扁平，长椭圆形，白色。该品种优质、抗病、抗旱、耐贫瘠。一般5月上旬播种，10月上旬可以采摘。

【资源利用概况】该品种为地方品种，当地农户已种

植30年以上。幼嫩荚果多用于炒菜，据村民介绍可治疗胃病。

22. 平阴小扁豆

【作物名称及种质名称】 扁豆 平阴小扁豆

【科属及拉丁名】豆科Leguminosae小扁豆属*Lens*

【资源采集地】平阴县安城镇东毛铺村

【生物学特性】一年生缠绕藤本植物。茎绿色，托叶基着，总状花序直立，花序轴粗壮，小苞片近圆形，花萼钟状，花冠白色，荚果圆柱形，淡绿色，肉厚。种子粒小、饱满。该品种适应性强，一般4月上旬播种，9月中旬可以采摘。

【资源利用概况】该品种为地方品种，当地农户已种植20年以上。荚果多用于炖菜，口感好。

23. 大梧桐

【作物名称及种质名称】 大葱 大梧桐

【科属及拉丁名】百合科Liliaceae葱属*Allium*

【资源采集地】章丘区绣惠街道王金村

【生物学特性】两年生草本植物。株高一般1.5米，葱白长约60厘米，径粗3~4厘米，单株重0.5千克左右。丰产单株重的可达1.5千克，株高2米，葱白长80厘米，被誉为"葱王"。其特点可总结为"高、大、脆、甜"四字，特别适合生食。

【资源利用概况】章丘大葱为农家品种，有两大优良品系，其中之一为大梧桐，植株高大，因其直立魁伟，似梧桐树状，故名"大梧桐"，也是章丘大葱的代表品种。

章丘大葱距今已有500余年的栽培历史，据记载明嘉靖年间章丘已有葱的栽培。2008年，章丘大葱被列为国家"农产品地理标志登记保护产品"。据统计，2021年章丘区大葱种植面积超12万亩，其中一半以上种植的是章丘大葱的农家品种。

24.气煞风

【作物名称及种质名称】　大葱　　气煞风

【科属及拉丁名】百合科Liliaceae葱属*Allium*

【资源采集地】章丘区绣惠街道王金村

【生物学特性】两年生草本植物。植株粗壮，叶色浓绿，叶间距小，叶肉厚韧，耐病抗风，故名气煞风。一般株高1.2米，葱白长50厘米，径粗4.5厘米，单株重0.4千克。气煞风与大梧桐葱的区别在于棍棒状假茎较粗，叶身间距较小。气煞风略有辛辣味，生熟食皆宜。

【资源利用概况】章丘大葱为农家品种，气煞风为其中的代表品种之一，距今已有500余年的栽培历史。据当地村民介绍，种一亩地的大葱纯收入一般为6 000～7 000元，价格高的时候达到1万元。

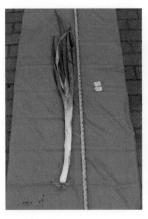

25.二串子

【作物名称及种质名称】　大葱　　二串子

【科属及拉丁名】百合科Liliaceae葱属*Allium*

【资源采集地】章丘区绣惠街道王金村

【生物学特性】两年生草本植物。该品种茎粗及株高介于大梧桐和气煞风之间，产量高，亩产一般5 000千克以上。

【资源利用概况】章丘大葱为农家品种，二串子为其衍生品种之一，二串子又名"二生子"。下图中，左侧径粗最小的是大梧桐，右侧最粗的是气煞风，中间的是二串子。章丘大葱中含有较多的蛋白质、多种维生素、氨基酸和矿物质，特别是含有维生素A、维生素C和具有强大杀菌能力的蒜素。

26. 鸡腿葱

【作物名称及种质名称】　　大葱　　鸡腿葱

【科属及拉丁名】百合科Liliaceae葱属*Allium*

【资源采集地】莱芜区牛泉镇贺小庄村

【生物学特性】两年生草本植物。鸡腿葱植株矮小、粗壮，株高60～70厘米，单株重150～200克。叶绿色、管状、肥厚、粗短、略弯，排列紧密，叶面覆蜡质粉。葱白紧实、粗壮、较短，长26～30厘米，其基部显著膨大，向上渐细并稍弯曲，形似鸡腿，故得名。鸡腿葱辛辣味浓，生食甜脆香辣，熟食葱香浓郁。鸡腿葱亩产2 500～3 000千克，水分含量适中，耐贮藏，生命力强，有"根枯叶焦心不死"之说。

【资源利用概况】鸡腿葱属山东特产，是著名的"莱芜三辣"之一，是我国众多大葱品种中独具特色的优质地方品种。鸡腿葱种植历史悠久，嘉靖莱芜县志、莱芜县乡土志就有葱的记载。20世纪90年代，由于受高产大葱品种的冲击，鸡腿葱种植面积逐渐减少，近乎绝迹。为保护这一当地名贵资源，多年种植大葱的侯长华组织成立了鸡腿葱种植专业合作社，专门从事鸡腿葱的提纯复壮和规模化种植，带动当地菜农扩大种植。2013年4月15日，农业部批准对"莱芜鸡腿葱"实施农产品地理标志登记保护。近年来，鸡腿葱种植面积近3万亩，主要集中在莱芜区牛泉、高庄、方下等镇（街道），并逐步走上了品牌化经营的路子。

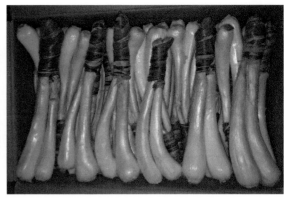

27. 白皮蒜

【作物名称及种质名称】 大蒜 白皮蒜

【科属及拉丁名】百合科Liliaceae葱属*Allium*

【资源采集地】莱芜区羊里街道办仪封洼村

【生物学特性】多年生草本植物，浅根性作物，无主根。叶基生，实心，扁平，线状披针形，宽约2.5厘米，基部呈鞘状。鳞茎外皮色泽为白色，故称白皮蒜。白皮蒜蒜瓣大，蒜头、蒜薹产量高，质细辣味香，抗寒力强，休眠期长，耐贮藏。多秋季播种，来年五六月份采收。亩产蒜薹400~500千克、大蒜1 200~1 300千克。

【资源利用概况】莱芜白皮蒜栽培历史悠久。1935年大蒜种植面积已达1 400亩。1962年莱芜大蒜开始出口，在国际市场享有一定声誉。据统计，2021年，莱芜白皮蒜种植面积3万多亩，带动全区发展大蒜15万亩，年产大蒜20万吨，成为莱芜农业的主导产业之一。莱芜大蒜加工产品种类多样，包括保鲜系列（蒜头、保鲜蒜米等）、脱水系列（脱水蒜片、蒜粒、蒜粉等）、罐头系列（蒜泥、香味蒜米等）、保健系列（黑蒜、大蒜胶囊等），产品销往日本、韩国等多个国家和地区。

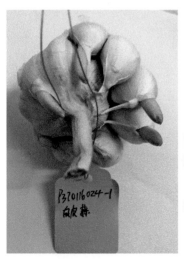

28. 四六瓣蒜

【作物名称及种质名称】 大蒜 四六瓣蒜

【科属及拉丁名】百合科Liliaceae葱属*Allium*

【资源采集地】莱芜区羊里街道办仪封洼村

【生物学特性】多年生草本植物，浅根性作物，无主根。鳞茎外皮色泽为白色，每头多为4瓣或6瓣，故称"四六瓣"。四六瓣蒜为白皮蒜的品种之一，蒜头较小、辛辣味较淡，比紫皮蒜耐寒。以产蒜薹为主，亩产蒜薹650～700千克、大蒜500千克左右。

【资源利用概况】四六瓣蒜蒜薹较红皮杂交蒜粗长，成熟期晚，适合冷库保鲜贮藏，春节前上市，市场行情好。目前，四六瓣蒜种植面积较小，主要在莱芜区羊里、杨庄等镇种植，与普通白皮蒜、红皮杂交蒜相互补充，可满足不同的市场需求。

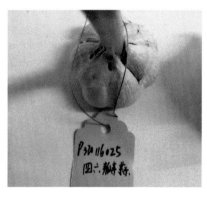 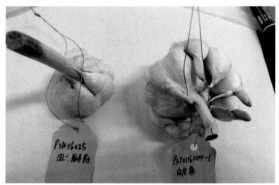

29. 大青棵

【作物名称及种质名称】 大蒜 大青棵

【科属及拉丁名】百合科Liliaceae葱属*Allium*

【资源采集地】商河县白桥镇段集村

【生物学特性】大青棵植株粗壮，幼苗叶片深绿，株高70～100厘米，属中晚熟品种。蒜头近圆形，饱满硕大，外皮紫色，蒜瓣8～14个，肉质细嫩，辛辣味浓，品质好。因蒜头大，且棵青皮紫，故称大青棵。高产地块一亩地可产蒜薹450～700千克、蒜头2 000千克。大青棵能够适应比较冷的生长环境，在相对少雨的地区，也能够正常生长。

【资源利用概况】大青棵原产于山东省济南市商河县白桥镇，由苏联大红皮蒜提纯选育而来，已在当地种植十多年。大青棵品质好、产量高，是当地大蒜的主栽品种之一，目前种植面积2万亩以上。大青棵蒜一部分以鲜蒜形式出售，其余加工成蒜片，主要出口到印度尼西亚、日本、韩国等周边国家和地区，已成为当地农业特色产业之一。

30. 莱芜大姜

【作物名称及种质名称】 姜 莱芜大姜

【科属及拉丁名】姜科Zingiberaceae姜属*Zingiber*

【资源采集地】莱芜区高庄街道东汶南村

【生物学特性】多年生草本植物。株高近1米，根茎肥厚，茎秆粗壮，一般每株10～12个分枝，有芳香及辛辣味。叶片披针形。一般单株块重约800克，重者1 500克以上，通常亩产量为3 000～4 000千克，高产田亩产5 000千克以上。莱芜大姜具有个大皮薄、丝少肉细、色泽鲜艳、辣浓味美、营养丰富、耐贮藏的特点。

【资源利用概况】莱芜生姜种植历史悠久，主要有大姜和小姜两个品种。20世纪90年代后，莱芜大姜因产量高、商品性好，逐渐成为莱芜生姜的主栽品种。莱芜大姜是国家地理标志产品，既是调味佳品，又是除湿、祛寒、消痰、健胃、发汗的良药。据统计，2021年，莱芜区生姜种植面积近10万亩，大姜占70%左右。莱芜大姜产品远销全国各地，并出口日本、韩国、美国、东南亚等20多个国家和地区。

31. 莱芜小姜

【作物名称及种质名称】 姜　　莱芜小姜

【科属及拉丁名】姜科Zingiberaceae姜属*Zingiber*

【资源采集地】莱芜区苗山镇小漫子村

【生物学特性】多年生草本植物。株高近1米，单株分枝15~20个，叶片披针形。根茎黄皮、黄肉，姜球数较多，排列紧密，节间短而密，姜球上部鳞片呈淡红色。根茎肉质细嫩，辛香味浓，耐贮、耐运。一般亩产2 500千克左右，高产田可达3 500千克。

【资源利用概况】莱芜小姜的栽培和利用具有悠久历史，20世纪80年代中期以前，莱芜地区广泛种植。目前，莱芜小姜种植面积近2万亩，主要集中在苗山镇，产品销往武汉、成都等南方城市，多用于配制火锅底料。除食用，小姜最主要的用途为入药。

32. 辛庄洋姜

【作物名称及种质名称】 菊芋　　辛庄洋姜

【科属及拉丁名】菊科Compositae向日葵属*Helianthus*

【资源采集地】钢城区辛庄街道桑响泉村

【生物学特性】多年生宿根草本植物。茎直立，有分枝，被白色短糙毛或刚毛，株高可达3米。下部叶对生，上部叶互生。地下茎形似姜块，也称洋姜，具有耐寒、耐旱的特点。

【资源利用概况】野生资源，自然生长于山坡、路边，对土壤条件要求不严，耐贫瘠。其地下块茎富含淀粉、菊糖等果糖多聚物，可以食用，煮食或熬粥，腌制咸菜，晒制菊芋干，也可作为制取淀粉和酒精的原料。

33. 大窝龙

【作物名称及种质名称】 莲 大窝龙

【科属及拉丁名】睡莲科Nymphaeaceae莲属*Nelumbo*

【资源采集地】槐荫区吴家堡街道裴家庄

【生物学特性】莲的地下茎叫藕，水生类蔬菜。花白色，叶高大。莲藕体型细长、粗细适中，长圆筒形，每节一般长30厘米左右，一般有3~5节，多者可达6节，重约1.5千克。其表面光滑、颜色鲜亮，断开后晶莹剔透、洁白如玉、九孔。因外观似一条卧着的龙，当地俗称"大卧（窝）龙"。藕肉质脆嫩而味甘，品质好，水分含量高、纤维少，生食脆嫩香甜，嚼后无渣。

【资源利用概况】槐荫区大窝龙莲藕来源于天桥区北园大卧龙莲藕，在本地多年种植，适应当地环境，形成了自己的特色。近年来当地莲藕种植面积逐年减少，几近消失。除了食用，藕也具有一定的药用价值。

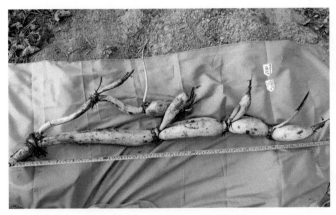

34. 济阳浅水藕

【作物名称及种质名称】 莲 济阳浅水藕

【科属及拉丁名】睡莲科Nymphaeaceae莲属*Nelumbo*

【资源采集地】济阳区济阳街道赵家村

【生物学特性】多年生水生草本植物。块根肉质，九孔，长度近1米，横卧于水底泥中。该品种生长期长，口感好，质量佳，亩产约500千克。

【资源利用概况】该品种为地方品种，本地种植历史近80年，因口感脆甜，无丝，可生食，备受青睐，近年来的种植面积逐渐减少，赵家村一带只有约200亩。

35. 露头青

【作物名称及种质名称】 萝卜 露头青

【科属及拉丁名】十字花科Cruciferae萝卜属*Raphanus*

【资源采集地】章丘区官庄街道田家柳村

【生物学特性】两年生草本植物。直根肉质，长圆形，外皮绿色，茎有分枝。露头青是秋冬萝卜类型，单个重量约500克。立秋前播种，立冬前后收获。

【资源利用概况】该品种为地方品种，在当地至少有60年的种植历史，种植面积较小，基本用于自家食用。露头青水分足、口感脆甜，清脆解渴，适合生食。

36. 平阴黑胡萝卜

【作物名称及种质名称】 栽培胡萝卜 平阴黑胡萝卜

【科属及拉丁名】伞形科Umbelliferae胡萝卜属*Daucus*

【资源采集地】平阴县洪范池镇北崖村

【生物学特性】一年生草本植物。根粗壮，长圆锥形，呈紫黑色。茎直立，多分枝。叶片具长柄，羽状复叶。7月中旬播种，10月上旬收获。

【资源利用概况】该品种为地方品种，本地农户自己留种多年，因外形不同于普通胡萝卜且口感比普通胡萝卜脆、甜而受到青睐。黑胡萝卜种植面积较少，仅限于附近几个村落。黑紫色的胡萝卜含有丰富的抗氧化剂，有一定的保健功能。

37. 章丘胡萝卜

【作物名称及种质名称】 栽培胡萝卜 章丘胡萝卜

【科属及拉丁名】伞形科Umbelliferae胡萝卜属*Daucus*

【资源采集地】章丘区官庄街道田家柳村

【生物学特性】一年生草本植物。茎直立，多分枝。叶片具长柄，花白色。根长圆锥形、浅橙红色，比普通胡萝卜稍小。该品种抗性强、适应性广。

【资源利用概况】该品种为地方品种，当地种植历史超过60年，农户自己留种，家家种植，大多自己食用。胡萝卜甜度一般，主要食用方式为做馅、熬粥，上部叶片也可做菜。

38. 白黄瓜

【作物名称及种质名称】　黄瓜　　白黄瓜

【科属及拉丁名】葫芦科Cucurbitaceae黄瓜属*Cucumis*

【资源采集地】莱芜区高庄街道曹家庄村

【生物学特性】一年生攀缘草本植物。茎、枝伸长，有棱沟，被白色的糙硬毛。该品种主侧蔓皆可结瓜，夏末秋初开始采摘。瓜条直立、长圆柱形，小时有刺，奶白色，成熟后刺消失，转为白色，果型美观，直径6～7厘米，长度15～22厘米。该品种产量高，每株可结瓜40～50条。

【资源利用概况】该品种为地方品种，本地种植时间超过50年。幼嫩果实口感清脆可口，老瓜口感同样清脆。白黄瓜原为当地农户零星种植，以自家食用为主。因其产量高、品质优、商品性好，当地蔬菜种植合作社对其进行了保护和开发利用，通过提纯、复壮，保持了品种的特性和口感，扩大了种植面积，获得了较高的经济效益。

39. 蛤蟆酥小红种

【作物名称及种质名称】 甜瓜 蛤蟆酥小红种

【科属及拉丁名】葫芦科Cucurbitaceae黄瓜属*Cucumis*

【资源采集地】商河县贾庄镇圣贤寺村

【生物学特性】一年生蔓性草本植物，叶心脏形。果实长椭圆形、顶端较粗，瓜皮白色、有灰绿色纵沟纹，果肉黄绿色，种子红色、卵形、较小。该品种口感甜、面，香味浓郁，品质好。

【资源利用概况】蛤蟆酥小红种是本地多年种植的甜瓜品种，由于产量较低，目前种植面积很少，该品种与市场上的蛤蟆酥香瓜相比口感更好。

40. 金刚葫芦

【作物名称及种质名称】 瓠瓜 金刚葫芦

【科属及拉丁名】葫芦科Cucurbitaceae葫芦属*Lagenaria*

【资源采集地】济阳区回河街道前刘村

【生物学特性】一年生攀缘草本植物。新鲜的葫芦皮嫩绿、有软毛，果肉白色，果实成熟后变白色至黄色、壳硬。果型中间缢细，下部和上部膨大，上部大于下部，长不足10厘米。

【资源利用概况】该品种为地方品种，在本地种植多年。葫芦个头小，但果型美观、规整，观赏价值高，大多制作成工艺品出售。

41. 人南瓜

【作物名称及种质名称】　南瓜　　人南瓜

【科属及拉丁名】葫芦科Cucurbitaceae南瓜属*Cucurbita*

【资源采集地】莱芜区高庄街道曹家庄村

【生物学特性】一年生蔓生草本植物。茎常节部生根，伸长2～5米，密被白色短刚毛。该品种属中国南瓜中的蛇南瓜类型，呈现蛇形状一样略微蜿蜒的曲形，瓜体可达1.5米，种子腔所在的末端稍膨大。果肉致密，口感好。

【资源利用概况】该品种为地方品种，在当地的种植历史超过60年。因成熟后可和人一样高，故称为人南瓜。口感偏脆，微甜，特别适合做馅料。因运输不便，大多数用于农户自己食用。人南瓜因外形特别，除食用外，还可作为观赏植物栽植于旅游观光基地绿色长廊，瓜条直垂，错落有致，极具观赏价值。

42. 鹅脖南瓜

【作物名称及种质名称】 南瓜 鹅脖南瓜

【科属及拉丁名】葫芦科Cucurbitaceae南瓜属*Cucurbita*

【资源采集地】平阴县孝直镇东湿口村

【生物学特性】一年生蔓生草本植物。果实长棒槌形、弯曲，顶部稍膨大。完全成熟时瓜皮颜色为灰白色，带黄色竖条纹，被蜡粉。果肉厚，肉质细腻味甜，耐贮运。该品种抗病、抗虫、适应性强。

【资源利用概况】该品种为地方品种，当地农户自家种植多年，以自己食用为主。幼瓜脆嫩，适合炒食或做馅料，老熟后口感面甜，适合蒸食或熬粥。

43. 商河南瓜

【作物名称及种质名称】 南瓜 商河南瓜

【科属及拉丁名】葫芦科Cucurbitaceae南瓜属*Cucurbita*

【资源采集地】商河县许商街道孟家村

【生物学特性】一年生蔓生草本植物。果实扁圆形，幼嫩时墨绿色，成熟后变成橙黄色。果实个大，重者可超过15千克。田间管理简单，具有优质、抗病、抗虫、耐贫瘠的特点。

【资源利用概况】该品种为地方品种，当地农户自己留种种植20多年。南瓜水分少、口感面沙、甜度适中，大多用来蒸食或熬粥。当地农户几乎家家种植，大多自己食用，少量对外出售。

44. 蛇丝瓜

【作物名称及种质名称】 蛇瓜 蛇丝瓜

【科属及拉丁名】葫芦科Cucurbitaceae丝瓜属*Luffa*

【资源采集地】平阴县锦水街道宋子顺村

【生物学特性】一年生攀缘藤本。茎纤细，多分枝，具纵棱及槽，被短柔毛。叶片膜质，圆形或肾状圆形，卷须具纵条纹。果实长圆柱形，扭曲。幼时绿色，形似蛇，具苍白色条纹，肉白色。成熟瓜橙黄色，果瓤鲜红色。具种子10余枚，长圆形，灰褐色。4月上旬播种，9月中旬收获。

【资源利用概况】该品种为地方品种，当地农户已种植30年以上。嫩果和嫩茎叶可炒食、作汤，味道好。在嫩瓜期，瓜体表面有白绿色相间的条纹似白花蛇，老熟后的瓜体表面又呈现红绿色相间的条纹似红花蛇，体态各异，栩栩如生，在农户自家庭院种植，稀奇而美观。

45. 起棱丝瓜

【作物名称及种质名称】 丝瓜 起棱丝瓜

【科属及拉丁名】葫芦科Cucurbitaceae丝瓜属*Luffa*

【资源采集地】平阴县榆山街道石庄村

【生物学特性】一年生草质攀缘藤本植物。茎具有明显的棱角，被短柔毛。卷须粗壮，有短柔毛。叶柄粗壮，棱上具柔毛。果实棍棒状、深绿色，具8~10条纵向的锐棱和沟，无毛，长15～30厘米，径粗6～10厘米。与无棱丝瓜相比，皮较厚较硬。该品种耐热、耐湿。

【资源利用概况】该品种为地方品种，当地农户自家种植多年，面积较小。幼嫩果实生食、炒制均可，口感紧实、滑嫩，味道鲜美。

46. 商河短丝瓜

【作物名称及种质名称】 丝瓜 商河短丝瓜
【科属及拉丁名】葫芦科Cucurbitaceae丝瓜属*Luffa*
【资源采集地】商河县贾庄镇西万坊村
【生物学特性】一年生草质攀缘藤本植物。果实短粗、一般小于20厘米，棍棒状、深绿色，表皮粗糙、散布小黑点。短丝瓜果肉厚，口感较粗，具有产量高、抗病虫的特点。

【资源利用概况】该品种为地方品种，当地农户自己留种种植多年。短丝瓜相比于长丝瓜口感较粗，更适合红烧。

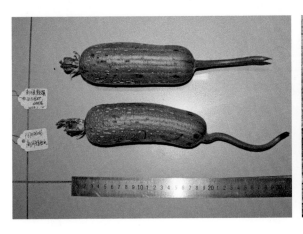

47. 灯笼挂辣椒

【作物名称及种质名称】 辣椒 灯笼挂辣椒

【科属及拉丁名】茄科Solanaceae辣椒属Capsicum

【资源采集地】商河县龙桑寺镇温王村

【生物学特性】一年生草本植物，植株高度约90厘米。花白色，果枝平展，果实味辣，长指状、约10厘米，未成熟时绿色，成熟后呈红色，似红灯笼挂在枝头。该品种具有产量高、适应性强的特点。

【资源利用概况】灯笼挂辣椒为地方品种，当地农户自家留种种植多年。该品种种植范围广泛，但多为农户零星种植。灯笼挂辣椒大多晒干作为调味品，油炸后辛辣味降低，香气四溢，为本地村民所喜爱。

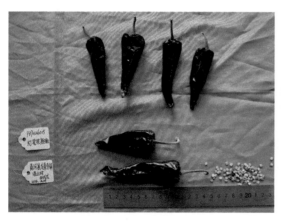

48. 商河锭秆子辣椒

【作物名称及种质名称】 辣椒 商河锭秆子辣椒

【科属及拉丁名】茄科Solanaceae辣椒属Capsicum

【资源采集地】商河县孙集镇东罗家村

【生物学特性】一年生草本植物，株型较矮，分枝性强。果实长约20厘米，下垂，似线形、微弯曲、先端尖。锭秆子辣椒具有辛辣度高、产量高的特点。

【资源利用概况】该品种为地方品种，在当地有近30年的种植历史。东罗家村属于传统集中育苗村，村民将所需的蔬菜种苗品种与数量提前告诉专门育苗的合作社，合作社进行集中育苗，保证了品种的纯度与种苗的质量。通过这种集中育苗的方式，许多蔬菜作物的地方老品种得以保存下来。

49. 小椒花椒

【作物名称及种质名称】 花椒 小椒花椒

【科属及拉丁名】芸香科Rutaceae花椒属*Zanthoxylum*

【资源采集地】历城区港沟街道西坞村

【生物学特性】落叶小乔木。茎干上有刺，枝有短刺，当年生枝被短柔毛。小叶对生，卵形，叶缘有细裂齿，齿缝有油点。果红色，散生微凸起的油点。一般8月中旬采收。

【资源利用概况】该品种为地方品种，有很长的种植历史，但没有形成较大产业。果实香味浓，口感好，深受当地老百姓欢迎。果皮可作为调味料，又可入药，种子亦可食用。

50. 平阴野生花椒

【作物名称及种质名称】 花椒 平阴野生花椒

【科属及拉丁名】芸香科Rutaceae花椒属*Zanthoxylum*

【资源采集地】平阴县孝直镇罗圈崖村

【生物学特性】落叶小乔木。茎干上有刺，枝有短刺，小叶对生、卵形，叶片较厚，叶缘有细裂齿，齿缝有油点。与普通花椒比，植株较矮、刺多、粒小、味浓。

【资源利用概况】野生资源，散生于山坡地带，在资源采集地大约有几十株，树龄约30年。果实成熟后附近居民常来采收，叶片、果实均可消炎、止痛。

51. 大红袍

【作物名称及种质名称】 花椒 大红袍

【科属及拉丁名】芸香科Rutaceae花椒属*Zanthoxylum*

【资源采集地】莱芜区牛泉镇任家庄村

【生物学特性】落叶小乔木。该品种树势健旺，果穗紧密，椒皮厚实，小果多单生。8月中旬至9月上旬成熟，成熟的果实外表面紫红色或棕红色，散有多数疣状突起的油点，内表面淡黄色。鲜果千粒重85克左右，晒干后的椒皮呈深红色，香气浓，味麻辣而持久，一般4～5千克鲜果可晒制1千克干椒皮。

【资源利用概况】莱芜花椒种植历史悠久，早在北魏时期就有栽植花椒的记载，明代嘉靖年间开始大量栽植，之后常种不衰。据统计，近几年的莱芜花椒种植面积约15万亩，总产量750万千克，产品出口到日本、韩国及东南亚、欧美等国家和地区。

52. 小红袍

【作物名称及种质名称】 花椒 小红袍

【科属及拉丁名】芸香科Rutaceae花椒属*Zanthoxylum*

【资源采集地】莱芜区牛泉镇任家庄村

【生物学特性】落叶小乔木。为莱芜花椒的代表品种之一，椒皮厚实，色泽鲜艳，香味浓郁。比大红袍花椒味浓，树干及枝条上的刺比大红袍花椒多，果实比大红袍小，鲜果千粒重58克左右。

【资源利用概况】莱芜花椒为国家地理标志产品。小红袍花椒果实成熟时果皮易开裂，采收期短，栽植时面积不宜太大。小红袍花椒挥发性芳香物质含量高，不仅是提炼制作高级食用香精的好原料，而且是上等的食用调味品。花椒皮和种子均可入药，具有开胃、健脾的功能。

第四章　果树作物

1. 镜面柿子

【作物名称及种质名称】 柿 镜面柿子
【科属及拉丁名】柿科Ebenaceae柿属*Diospyros*
【资源采集地】济阳区垛石街道大赵村
【生物学特性】落叶乔木，株高可达15米。树干直立，树冠大，叶子倒卵形，背面有绒毛。花黄白色，花期5—6月。果熟期8—10月，浆果扁圆形，横径约7厘米。柿果色泽金黄、表皮光滑、无核无渣，香甜可口、营养丰富。镜面柿子属晚熟品种，具有高抗严寒和病虫害的特性。

【资源利用概况】镜面柿子位于济阳区垛石街道，50年来，柿子由零星分散种植逐渐集中，形成了现在的金镜柿园，面积千余亩。柿子甘甜爽口，口感细腻，余味纯香，深受消费者尤其是中老年人的喜爱，被誉为"金镜蜜柿"，为中国六大名柿之一，当地流传着"垛石柿子香又甜，今年吃了想下年"的说法。每逢金秋时节，柿园丰硕、琳琅满目、别具风光，近年来，垛石镇以"生态垛石镇，魅力乡村游"为主题，大力发展乡村旅游，借助柿子文化节的举办，深度挖掘丰富的镇域旅游文化资源，通过开展"柿王评选""柿乡寻宝"等种类多样、特色鲜明的主题活动将原汁原味原生态的乡村休闲旅游魅力展现给游客。

2. 铁皮柿子

【作物名称及种质名称】 柿 铁皮柿子
【科属及拉丁名】柿科Ebenaceae柿属*Diospyros*
【资源采集地】历城区港沟街道西坞村
【生物学特性】落叶乔木，树高可达8米。主干呈干裂状，叶椭圆形，花期5月上旬，9月下旬至10月初成熟，结果量大，果实成熟后颜色鲜红美观，大小中等，直径约4厘米。果实皮厚，故称铁皮柿子。

【资源利用概况】本地铁皮柿子树大多种植于20世纪六七十年代，散布于山坡地或农田旁。主要食用方式为鲜食，口感好，亦可加工成柿饼。近年来由于可供选择的水果品种越来越多，铁皮柿子逐渐淡出人们的视野。

3. 澜头老柿子

【作物名称及种质名称】　柿　　澜头老柿子

【科属及拉丁名】柿科Ebenaceae柿属*Diospyros*

【资源采集地】钢城区颜庄街道澜头村

【生物学特性】落叶大乔木，通常高达10米，树干周长约2米。树皮呈灰色，枝开展，呈伞状，枝干遒劲有力。叶纸质，长椭圆形。花期5月中下旬，雌雄异株，花序腋生，为聚伞花序。果期10月上旬，果实扁球形，果肉较硬脆，成熟后橙红色、柔软多汁。具有高产、抗旱、耐贫瘠的特性。

【资源利用概况】当地种植柿树的历史悠久，有"家有喜事就栽树"的传统，树龄超过50年的柿树很多。主要用途为鲜食，做成柿饼味道更佳，近年来，澜头村围绕旅游产业，开发了柿饼、柿子醋等特色小吃，配合旅游路线建设民俗和饭店，已经成为当地村民重要的收入来源。

4. 合柿

【作物名称及种质名称】 柿 合柿
【科属及拉丁名】柿科Ebenaceae柿属*Diospyros*
【资源采集地】长清区万德镇大刘村
【生物学特性】落叶大乔木。高可达8米，其最重要的特征是果实大，果径10厘米左右，单果重200～250克，扁圆形，中间有缢痕，像两个果盒合在一起，又像两个磨盘叠成的磨。柿子果面光滑，橙黄色，果肉淡黄色，味甘多汁，无核。合柿10月中下旬成熟，鲜果耐贮运，成熟柿子婆一昼夜，去涩味后可生食，也可久贮糖化后食用。

【资源利用概况】合柿又称盒柿、磨盘柿，是长清区种植最为广泛的柿树品种，种植历史较长。主要用途为鲜食，也可做柿饼。合柿营养丰富，含大量糖和淀粉，蛋白质含量高于苹果和梨，柿子在树上存留时间较长，秋冬季非常具有观赏性，当地每年举办金秋柿子文化节、展销会，游客们不仅可以体验到采摘柿子的乐趣，还可以参与各种与"柿"相关的趣味比赛，有力带动了当地经济发展。

5. 长清软枣

【作物名称及种质名称】 柿 长清软枣
【科属及拉丁名】柿科Ebenaceae柿属*Diospyros*
【资源采集地】长清区万德镇张庄村
【生物学特性】落叶乔木，高可达5米，树皮深灰色，枝开展，嫩枝有时被灰白色疏柔毛，老枝光滑。叶纸质，椭圆形。花期5月中下旬，果熟期10月下旬，果实小，近球形，蓝黑色，有白蜡层，味甜可口。具有优质、抗病、广适、耐贫瘠的特性。

【资源利用概况】野生资源，果实除可食用外还可供药用。软枣树散生于山坡、丘陵。多用作砧木，嫁接亲和力强，成活率高。

6. 唐朝古板栗

【作物名称及种质名称】　板栗　　唐朝古板栗

【科属及拉丁名】壳斗科Fagaceae栗属*Castanea*

【资源采集地】莱芜区大王庄镇独路村

【生物学特性】高大乔木。树干呈灰色，高15～20米，树皮不规则深纵裂，枝条灰褐色，有纵沟，皮上有许多黄灰色的圆形皮孔。叶长圆形，叶缘呈锯齿状。花期5月中旬，花单性，雌雄同株，雄花为葇荑花序。成熟期10月中旬，成熟后总苞裂开，栗果脱落。坚果紫褐色，被黄褐色茸毛，果肉糯性、淡黄，味甘，香气浓郁，适于炒制，加工制作高级糖果和精品罐头。

【资源利用概况】唐朝古板栗园位于莱芜西北部，西与泰安接邻，北与章丘搭界，是迄今为止莱芜境内为数不多的尚未大面积开发的原始森林景观。目前，板栗园分布着8 000余株古板栗树，其中树龄在500年以上的"大唐栗"近2 000株，100年以上的有6 000多株。树龄最长的一棵板栗树大约为1 200年，此树已经形成树洞，硕大的树冠全靠厚厚的树皮输送养分，老板栗树形态各异，千姿百态。近年来，通过开发整理，近万株古板栗趋向盆景化，从而成为特色景点——唐朝板栗园，为"山东第一古栗林"。板栗树现已责任到户分到农家，每棵树能收数百斤板栗，已成为当地村民重要的收入来源之一。老树的栗子个头不大，油光铮亮，炒熟后黄澄澄，干面香甜，香飘十里。板栗含有大量淀粉、蛋白质、脂肪、B族维生素等多种营养素，有"干果之王"之称。

7.三教村核桃

【作物名称及种质名称】　核桃　　三教村核桃

【科属及拉丁名】胡桃科Juglandacene胡桃属*Juglans*

【资源采集地】天桥区桑梓店街道三教村

【生物学特性】落叶乔木,高10余米。主干分枝,树冠茂密,树皮深灰色,呈鳞状。叶片椭圆形。花期5月,果期8月中旬,果实球形,内部坚果球形、黄褐色、表面有不规则槽纹。该品种核桃皮薄、肉多,油脂含量高,口感比其他核桃品种更香甜。具有优质、抗旱、耐贫瘠的特性。

【资源利用概况】三教村核桃园面积40余亩,树龄超50年的核桃树有100多株,长势旺盛,树干粗壮。主要用途为食用,此外还具有一定药用价值。

8.沙河红

【物名称及种质名称】　苹果　　沙河红

【科属及拉丁名】蔷薇科Rosaceae苹果属*Malus*

【资源采集地】商河县龙桑寺镇油坊张村

【生物学特性】落叶乔木,高可达5米。叶片椭圆形,叶柄粗壮。花期5月,伞房花序,具花3~7朵,花白色。果熟期11月中下旬,果实球形,直径6~8厘米。果皮黄色微红,口感脆甜,风味浓郁。

【资源利用概况】沙河红是本地培育的优质苹果品种,产量较高,果皮微红,果实香甜脆口,挂果期长,晚熟,虫害发生少。

9. 商河海棠

【作物名称及种质名称】　海棠　　商河海棠

【科属及拉丁名】蔷薇科Rosaceae苹果属*Malus*

【资源采集地】商河县白桥镇宋家村

【生物学特性】落叶小乔木。高可达4米，树干粗壮，小枝圆柱形，枝开展。叶片呈长椭圆形。花期4月，花梗粗短，花单生于枝端，十分具有观赏性。果期7月中下旬，果实成熟后呈亮红色，球形，直径4~5厘米，酸甜可口，软面，有芳香气味，甜度适中。具有高产、抗旱、耐贫瘠的特性。

【资源利用概况】海棠树发现于济南市商河县白桥镇宋家村一农户家中，因树龄近百年、果实品质好，具有一定的科研利用价值。

10. 花红果子

【作物名称及种质名称】　花红　　花红果子

【科属及拉丁名】蔷薇科Rosaceae苹果属*Malus*

【资源采集地】莱芜区牛泉镇绿凡崖村

【生物学特性】落叶小乔木。老枝暗紫褐色，无毛，有稀疏浅色皮孔。叶片呈椭圆形。花期4月中下旬，伞房花序，集生在小枝顶端。果期9月下旬，果实球形、成熟后为深红色，直径约4厘米，口感脆而韧。具有抗旱、耐涝的特性。

【资源利用概况】野生资源，散生于山区丘陵地带，果实可食用。

11. 森林公园山荆子

【作物名称及种质名称】　山荆子　　森林公园山荆子
【科属及拉丁名】蔷薇科Rosdcese苹果属*Malus*
【资源采集地】槐荫区张庄街道济南森林公园
【生物学特性】落叶乔木。树高约5米，树皮灰色，光滑，不易开裂。叶片椭圆形，先端渐尖，基部楔形，叶缘锯齿细锐。伞形总状花序，花白色，基部有长柔毛。果期9月中旬。具有抗病、抗虫、抗旱、耐寒和耐涝的特性。

【资源利用概况】山荆子生长于济南市森林公园中，树龄超20年。树姿优雅娴美，花繁叶茂，白花、绿叶、红枝互相映托美丽鲜艳，是优良的观赏树种。可作为苹果、花红和海棠果的嫁接砧木，也可作培育耐寒苹果品种的原始材料。木材纹理通直、结构细致，用于印刻雕板、细木工、工具把等。嫩叶可代茶，还可作饲料。

12. 李桂芬梨

【作物名称及种质名称】 梨　李桂芬梨

【科属及拉丁名】 蔷薇科Rosaceae梨属*Pyrus*

【资源采集地】 商河县殷巷镇李桂芬村

【生物学特性】 落叶乔木。树皮呈开裂状，叶片呈卵形，单叶互生，全缘，有叶柄与托叶。花期4月，白色，有五瓣。果期9月下旬，果实圆形、基部较细尾部较粗，皮薄，脆，香，甜度高，风味浓郁。该品种产量高，单株产量最高可达400千克。

【资源利用概况】 李桂芬梨园坐落在村庄后面，百年老树群生，历史悠久。梨园中树龄最高的超过400年，梨树产量高，品质好，甜脆可口。

李桂芬梨还有一段惊心动魄的传说故事。话说清朝康熙皇帝登基那年的秋天，商河县仁厚乡一户人家生下一个男孩，因为这户人家祖上是京城御苑里专门看护梨园的管家，老人家告老还乡时把鸭梨苗带回家，经过几代人养护，到康熙登基这年，村里人人都成了种梨的行家里手，这家人更是倍受推崇。可美中不足的是家族里总是没有千金之喜，这孩子还在娘胎时，上面已经有了五个哥哥。于是，他爹娘就商量一定要给这孩子取个女孩名，所以还没出生就取了个名字——李桂芬，李桂芬的童年是在梨园度过的，耳濡目染，他对于种梨自有过人之处，后来，兄弟分户过日子，李桂芬只要了家里的二亩梨园。经过精心照料，他的梨园每年不仅产量多，而且品质上乘，成为本县每年必选的进京贡品之一，在京城一时传为佳话。可天有不测风云，在梨园收获时节，一天晚上，李桂芬刚在梨园的老屋里睡下，江湖上人称"三毛眼"的土贼就来梨园打劫，"三毛眼"看上了一棵最大的梨树，命手下砍倒打制座椅。李桂芬奋不顾身地冲上前去保护梨树，被无情的斧头砍中，气绝身亡。

来年春天，人们惊奇地发现那棵梨树根部长出了新苗，转眼夏天成树挂梨了，到秋天，成熟的梨子比以前更加甜美。有人试着对这棵梨树喊李桂芬，树冠晃动不止。恰好这年秋天康熙皇帝南巡路过德州，地方官员把这棵树上的梨子呈上，皇帝赞不绝口，在听到梨树死而复生的故事后，当即敕封"李桂芬梨"，后来，人们就渐渐地把这个村叫作李桂芬村。

现在，围绕李桂芬梨注册了多家家庭农场，开展采摘、观光旅游、农家乐等活动，还开发出李桂芬梨膏等产品，推动了乡村产业振兴。

13. 小梨果

【作物名称及种质名称】 梨 小梨果

【科属及拉丁名】蔷薇科Rosaceae梨属*Pyrus*

【资源采集地】商河县殷巷镇李桂芬村

【生物学特性】落叶乔木。树皮呈开裂状，叶片呈长椭圆形。花期4月，果期8月下旬。果实黄绿色、皮薄、扁圆形，果径5～6厘米。果肉白色、甜脆、多汁，风味浓郁，口感好，梨树单株产量高，具有优质、高产的特性。

【资源利用概况】该树是李桂芬梨园内唯一的一株小梨果树，树龄200余年，历史悠久。梨的风味很浓，与市面上其他品种的梨不同，具有一定的种质资源保护和利用价值。

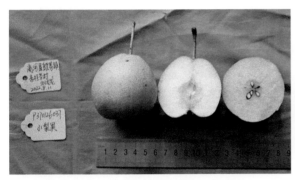

14. 青桐山小黄梨

【作物名称及种质名称】 梨 青桐山小黄梨

【科属及拉丁名】蔷薇科Rosaceae梨属*Pyrus*

【资源采集地】市中区兴隆街道青桐山村

【生物学特性】落叶乔木。高5～7米，树皮呈开裂状，叶片卵形，先端渐尖。花期4月底至5月上旬，花序密集，花5～7朵，萼片三角披针形，边缘有腺齿，花瓣倒卵形、白色，果熟期8月中旬，果实近球形、个小，水分大、甜度高、口感好，未成熟时为青绿色，成熟时为黄色。具有高产、抗旱、耐贫瘠的特性。

【资源利用概况】该品种为新中国成立初期本村村民从外地引进，初始规模为几百株，栽种于没有水浇条件的山地丘陵，现仅存几十株。

15. 太西黄梨

【作物名称及种质名称】　梨　　太西黄梨

【科属及拉丁名】蔷薇科Rosaceae梨属*Pyrus*

【资源采集地】平阴县锦水街道大李子顺村

【生物学特性】落叶乔木。叶片菱状卵形，幼叶上下两面均密被灰白色绒毛。花期4月左右，伞形总状花序，有花10~15朵，花瓣白色。果熟期9月中旬，果实近球形、亮黄色、有淡色斑点，水分足、甜度高、口感脆甜无渣。具有高产、抗旱、耐贫瘠、耐寒凉的特性。

【资源利用概况】太西黄梨散生于山区村庄，树龄最大的近70年。因黄梨品质好、口感香甜，倍受当地村民喜爱。

16. 魏家梨

【物名称及种质名称】　梨　　魏家梨

【科属及拉丁名】蔷薇科Rosaceae梨属*Pyrus*

【资源采集地】济阳区新市镇魏家村

【生物学特性】落叶乔木。花期4月下旬至5月上旬，果熟期9月中旬，果实近球形，个头中等，熟后亮黄色，略带红色。果点密集，果肉含石细胞少，后熟期短，经后熟后果肉变绵软，浆汁较少，香味浓郁，甜度大，不耐储运。

【资源利用概况】魏家梨发源地为济阳太平镇，种植历史100多年，因香味浓、皮薄，当地称为香梨。2021年老梨树枯死，存活的枝条引到新市镇嫁接成活。魏家梨现在只有几株，但因其风味好、品质佳，具有较大的发展潜力。

17. 后周小梨

【作物名称及种质名称】 梨　　后周小梨
【科属及拉丁名】蔷薇科Rosaceae梨属*Pyrus*
【资源采集地】槐荫区腊山街道后周村
【生物学特性】落叶乔木。叶片菱状卵形，幼叶上下两面均密被灰白色绒毛。花期4月左右，伞形总状花序，有花10～15朵，花瓣白色。果期为9月中旬。

【资源利用概况】后周小梨发现于农家附近，树龄近百年，树冠大而舒展，树型美观。梨树虽然年老，但仍硕果累累，果实口感好，附近村民常来采摘。

18. 团山梨

【作物名称及种质名称】 梨　　团山梨
【科属及拉丁名】蔷薇科Rosaceae梨属*Pyrus*
【资源采集地】莱芜区高庄街道团山村

【生物学特性】落叶乔木。叶片卵形、单叶、互生，有叶柄与托叶。花期4月中下旬，花白色，五瓣，花蕊嫩黄，花香淡雅，如云似雪。果期9月中下旬，果实扁球形、头尖肚圆，个头适中，皮薄肉脆，甘甜多汁。具有抗旱、耐涝的特性。

【资源利用概况】团山村的梨树已经有700多年的历史，树龄超过100年的比较常见，分散种植于山坡丘陵。团山村位于莱芜区高庄街道，据《亓氏族谱》记载，明正德年间，亓氏先人自杨庄迁出，路经团山，踏进这条山峪之时，满眼的白色扑面而来，陶醉于此桃源之境，遂决定搭棚造舍，建村立庄，因村址在团山南麓，"以山名村"，故名"团山村"。团山梨收获时临近中秋节，又称"团圆梨"，在村民的观念里，每逢黄梨收获，便是全家人团圆的时刻。

19. 泰山小白梨

【作物名称及种质名称】　梨　　泰山小白梨
【科属及拉丁名】蔷薇科Rosaceae梨属*Pyrus*
【资源采集地】历城区彩石街道玉龙村
【生物学特性】幼树生长旺盛，栽后3～5年结果，15年左右进入盛果期，产量高，8月下旬至9月上旬成熟，果实卵圆或倒卵圆形，果柄长，平均单果重100～150克，最大单果重400克。该品种成熟早，果型端正，色泽美观，皮薄肉嫩，汁多香甜，成熟的梨果浅黄色，果肉乳白色，皮薄、肉细、质脆、味甜、汁多。泰山小白梨适应性强，山区、平原都可栽植。

【资源利用概况】泰山小白梨又称泰山美人梨，1962年根据其植物学特性近似秋白梨的特点，命名为"泰山小白梨"。该品种主产于泰山北麓，济南市历城区、长清区有大面积种植。泰山小白梨1962年首次在我国香港市场试销，当年销售13.2万千克，1976年后年销售量稳定在50万千克左右，除销往我国香港和澳门外，还销往日本、新加坡等国家和地区，每年为国家创外汇5万多美元。1987年总产350万千克，外销55.62万千克。目前该品种在市场上已不多见，鉴于其具有多种优良特性，可作为新品种培育的原始材料。

20. 洪沟杜梨

【作物名称及种质名称】 梨　　洪沟杜梨

【科属及拉丁名】蔷薇科Rosaceae梨属*Pyrus*

【资源采集地】钢城区汶源街道洪沟村

【生物学特性】落叶乔木。高可达10米，枝具刺，叶片菱状卵形，边缘有粗锐锯齿，幼叶上下两面均密被灰白色绒毛，成长后脱落，老叶上面无毛而有光泽，叶柄长2～3厘米。花期4月，伞形总状花序，有花10～15朵。果熟期9月上旬，果实近球形，直径近1厘米，褐色，有淡色斑点。

【资源利用概况】杜梨地理分布较广，生性强健，加之树型优美、花色洁白，在北方常用作防护林、水土保持林，还可用于绿化。果实口感不佳，但抗旱、抗寒、耐贫瘠，常做砧木。洪沟杜梨树龄超100年，附近村民对此古老树木心存敬畏而不敢砍伐，每年古树开花时节也引来不少游客观赏。

21. 六月紫

【作物名称及种质名称】 葡萄 六月紫

【科属及拉丁名】葡萄科Vitaceae葡萄属*Vitis*

【资源采集地】市中区陡沟街道陡沟村

【生物学特性】木质藤本植物。植株嫩梢黄绿色，有绿色条纹。幼叶黄绿色，稍有光泽，无绒毛。一年生成熟枝条淡黄褐色，节间稍短。成叶中大，深绿色，心脏形，五裂，裂刻深，锯齿较锐，叶背稍有绒毛，叶柄洼，宽拱形。两性花。果穗中大，平均穗长17厘米，穗重约350克，最大700克，圆锥形，有小副穗，果穗紧密。百粒重约400克，最大百粒重520克，圆形，整齐，紫红色，有玫瑰香味，果皮厚，果肉软，皮略涩，浆果多汁。果实成熟一致，无落粒现象。果实5月上旬开始着色，5月下旬成熟。具有抗病、抗虫、耐贫瘠的特性，但抗寒性较差。

【资源利用概况】该品种是1985年从山东早红葡萄单株中发现并选育出的早熟自然芽变，该芽变除保留了山东早红的部分优良性状，其成熟期明显早于山东早红。1990年正式定名为"六月紫"。六月紫葡萄刚开始推广时种植面积较大，后期逐渐减少。近几年，本地只有几户种植，虽然销路很好，但产量低，市场占比较小。

22. 黄玫瑰葡萄

【作物名称及种质名称】 葡萄 黄玫瑰葡萄

【科属及拉丁名】葡萄科Vitaceae葡萄属*Vitis*

【资源采集地】济阳区新市镇魏家村

【生物学特性】木质藤本植物。植株幼叶黄绿色，成叶大，深绿色，心脏形，五裂，裂刻深。该品种果粒密集，需要疏果，否则影响果实品质。10月上旬成熟，中小粒果，皮中厚，果实绿色，成熟后微黄，甜度适中，籽比较脆，可嚼食，玫瑰味浓。

【资源利用概况】该品种为当地农户于20世纪90年代从陕西引进，属中晚熟品种，中秋节上市，价格高于同期上市的其他葡萄品种。亩产3 000~3 500千克，一般控制在2 000千克左右，果粒大小均匀，穗型美观，商品性较好。

23. 章丘野葡萄

【作物名称及种质名称】　葡萄　　章丘野葡萄

【科属及拉丁名】葡萄科Vitaceae葡萄属*Vitis*

【资源采集地】章丘区官庄街道石匣村

【生物学特性】木质藤本。枝条粗壮，嫩枝具柔毛。叶互生，阔卵形，宽约6厘米，先端渐尖，基部心形。叶柄长约4厘米。花期6月，聚伞花序与叶对生，花多数，细小。果期9月下旬，浆果近球形、深绿色，成熟后变为蓝黑色，直径不到1厘米。

【资源利用概况】该野葡萄最早发现于石匣村一农户家中，该村隶属于历城区柳埠街道，是国家级古村落，为典型的山区丘陵地形。野葡萄具有一定的药用及种质资源利用价值。

24. 仲秋红大枣

【作物名称及种质名称】　枣　　仲秋红大枣

【科属及拉丁名】鼠李科Rhamnaceae枣属*Ziziphus*

【资源采集地】历城区仲宫街道门牙村

【生物学特性】落叶灌木，高2～5米，树势强健。叶片细长卵形，花黄绿色，两性，具短总花梗。核果矩圆形，长3～4厘米，直径2～3厘米，成熟后红色，种子扁椭圆形，果肉绿白色，肉质厚，质地硬脆，汁液中多，清甜味浓。该品种耐干旱、耐瘠薄、耐盐碱、抗逆性强，抗枣疯病，成熟时遇雨不裂果。

【资源利用概况】仲秋红大枣是种质资源开发利用的典型代表，该品种是在本地原有种质的基础上选育而来，2008年通过山东省林业局组织的品种鉴定。仲秋红大枣在济南市南部山区有种植基地，种植大户以基地为依托，成立了合作社，建成了大枣标准化生产示范区，成为带动当地农民脱贫致富的主导产业之一。此后该大枣品种被广泛引种至山东省各地，经济效益较高。

仲秋红大枣以本地野生酸枣树为砧木，适应性强。大枣成熟时硬度较强，耐储存，冷冻后可储存一年，蒸食后口感更佳，同时也是加工枣泥、枣糕的上等原料。

25. 脆酸枣

【作物名称及种质名称】　枣　　脆酸枣

【科属及拉丁名】鼠李科Rhamnaceae枣属*Ziziphus*

【资源采集地】市中区十六里河街道石匣村

【生物学特性】落叶小乔木。树势强健，萌芽力、成枝力均强，树冠成形快。花期5月，6月盛花，花量大。果熟期为9月上旬，每个枣吊通常结果1～4个，最多6个，丰产性状突出。脆酸枣果实近椭圆形，平均纵径2.5厘米、横径2.1厘米，大小均匀，果面光滑，完熟后呈深玫瑰红色，皮薄质脆、肉厚核小、口感脆甜、品质极佳。

【资源利用概况】脆酸枣是济南"高维C大酸枣"优良栽培系列品种之一，由济南市林果技术推广站历经12年的努力，成功选育的鲜食大酸枣优良品种，该品种极早熟、优质、丰产、抗逆性强、适应性广，综合性状优良，具有较高的营养、保健价值，鲜食和加工均可。2007年12月通过山东省林木品种审定委员会审定，适合在全国枣适种区栽培，大棚保护地栽培成熟期更早，经济效益更佳。

26. 魁王枣

【作物名称及种质名称】　枣　　魁王枣

【科属及拉丁名】鼠李科Rhamnaceae枣属*Ziziphus*

【资源采集地】商河县殷巷镇高坊村

【生物学特性】落叶小乔木。高10余米，树皮褐色或灰褐色。叶纸质，卵状椭圆形，上面深绿色，无毛，下面浅绿色。花期5月，花黄绿色，具短总花梗。果熟期9月中旬，长2～3.5厘米，直径1.5～2厘米，成熟时红色，后变红紫色，核两端锐尖，扁椭圆形，长约1厘米，直径8毫米。产量高，一棵树年产鲜枣100～150千克。鲜枣脆甜，糖度可达20，口感好。干枣肉厚，糖丝金黄，品质佳，又称"魁王金丝小枣"。具有抗旱、耐贫瘠、抗病虫害的特性。

【资源利用概况】在高坊村5 000多棵枣树中，有1 100多棵老树，树龄最高600余年，树干周长1.8米，枣林已经成为当地非常著名的旅游景点，每年吸引大量游人前来游玩，对当地经济起到了很大的带动作用，2020年被列为国家地理标志登记保护产品。魁王枣营养价值丰富，成熟的大红枣含有天然的果糖成分，还含有维生素C、维生素B$_1$、维生素B$_2$等多种人体需要的微量元素。魁王枣可鲜食也可制成干果或蜜饯果脯等，此外，魁王枣花小、蜜多，是一种优异的蜜源植物。

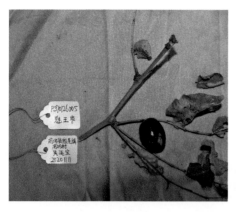

27. 石门孙枣

【作物名称及种质名称】 枣 石门孙枣

【科属及拉丁名】鼠李科Rhamnaceae枣属*Zizyphus*

【资源采集地】天桥区桑梓店街道石门孙村

【生物学特性】落叶小乔木。高可达12米，树皮褐色，开裂状，叶片纸质。花两性，具短总花梗。果期9月上旬，枣型周正，甜度高，直径3～4厘米，晒干后熬粥枣香浓郁，也可做成蜜饯果脯。具有高产、优质、抗病、抗虫的特性。

【资源利用概况】该枣树为农户自家种植，树龄约60年，因口感好、品质佳保留至今。

28. 石门孙牛奶子枣

【作物名称及种质名称】 枣 石门孙牛奶子枣

【科属及拉丁名】鼠李科Rhamnaceae枣属*Zizyphus*

【资源采集地】天桥区桑梓店街道石门孙村

【生物学特性】果实长锥形，上尖下圆，长约4厘米，汁多味甜、品质好。

【资源利用概况】该枣树为农户自己庭院种植，树龄约20年，枣形奇特，附近居民称为牛奶子枣，因坐果率高、口感甜，争相嫁接。

29. 莱芜黑红山楂

【作物名称及种质名称】　山楂　　莱芜黑红山楂

【科属及拉丁名】蔷薇科Rosaceae山楂属*Crataegus*

【资源采集地】莱芜区大王庄镇独路村

【生物学特性】落叶乔木。树皮粗糙，暗灰色。叶片宽卵形，通常两侧各有3~5羽状深裂片。花期5月中旬，伞房花序具多花，总花梗和花梗均被柔毛。花瓣倒卵形或近圆形，白色。果熟期9月下旬，果实近球形，个大，黑红色，酸度适中。

【资源利用概况】山楂为莱芜"三红一白"特产之一。清代，埠东一带出产的山楂以埠东楂子闻名遐迩，之后，山楂一直是莱芜境内栽培的主要果树之一，但仅零星分布于山岭地的地头堰边，牛泉、圣井、高庄、大王庄等乡镇为主要产地。1970年起，栽培区域逐渐扩展到平原乡镇，且建园成片栽植，品种以莱芜黑红、大金星为主，其余有敞口、大货、小金星等。黑红山楂个头大、口感好、品质优，1987年，莱芜被列为全国、全省山楂发展基地。近年来，通过"合作社+农户"的销售模式，带动了当地山楂产业发展。山楂主要用途为食用和药用，是健脾开胃、消食化滞、活血化痰的良药。

30. 小红星山楂

【作物名称及种质名称】 山楂 小红星山楂

【科属及拉丁名】蔷薇科Rosaceae山楂属*Crataegus*

【资源采集地】莱芜区牛泉镇庞家庄村

【生物学特性】落叶乔木。树皮粗糙，暗灰色，小枝圆柱形，当年生枝紫褐色，老枝灰褐色。叶片宽卵形，花期5月中旬，伞房花序。萼片三角卵形，花瓣倒卵形或近圆形，白色。果熟期9月下旬，果实较小、近球形、鲜红色，外表光滑，上面有细小的白斑，果肉粉红色，口感面、酸甜适中、具香味。果核外面稍具棱，内面两侧平滑。

【资源利用概况】小红星山楂原引自外地，经当地企业改良后已适应本地环境。小红星山楂比普通山楂要小一圈，但甜度更高，口感更好，产量和价格也高，是一种水果山楂。小红星山楂又名甜红子，果实小巧，口感清甜微酸，绵软细腻，尝起来很独特，并且营养价值很高，目前小红星山楂主要分布在莱芜区牛泉镇庞家庄村一带。2009年，大学毕业回乡创业的亓宪瑞在庞家庄创办了山楂购销加工企业，带动农民科学种植，提高山楂产量和品质，组织开展山楂购销和加工。研发出山楂脆、山楂片、山楂果汁、山楂酒等系列产品，建立了山楂干的企业标准，产品销往北京、广州、安徽、合肥等全国100多个城市，把小山楂做成了大产业，为促进山区农民增收发挥了重要作用。

31. 黄山楂

【作物名称及种质名称】 山楂 黄山楂

【科属及拉丁名】蔷薇科Rosaceae山楂属*Crataegus*

【资源采集地】莱芜区大王庄镇独路村

【生物学特性】落叶乔木。高约2米，直径超30厘米。小枝褐色。叶互生，三角状卵形。花期5月，复伞房花序，花瓣近圆形。果熟期9月下旬，成熟时金黄色，果形扁球形，口味偏酸、面，风味浓郁。具有优质、抗旱、耐寒的特性。

【资源利用概况】黄山楂为当地野生资源，仅村落中发现一株，树龄超30年。黄山楂为普通红色山楂的自然变异，具有一定种质资源保护和利用价值。

32. 大货山楂

【作物名称及种质名称】 山楂　大货山楂

【科属及拉丁名】蔷薇科Rosaceae山楂属*Crataegus*

【资源采集地】历城区柳埠街道三岔村

【生物学特性】落叶乔木。高1～3米，分枝密，通常具细刺，小枝细弱，一年生枝紫褐色，叶片宽倒卵形。伞房花序，花期5—6月，果期9—11月。果实扁圆形、较大，成熟后表面粗糙、色泽鲜艳，口感较酸。大货山楂结果性强、产量高，抗病，适应性强，大多以当地野生的山楂石榴子为砧木进行嫁接繁殖。

【资源利用概况】大货山楂在济南市南部山区广泛种植，种植历史近200年。柳埠街道三岔村、川道村比较集中，种植面积约5 000亩，年产量200余万千克，是制作冰糖葫芦、糖霜山楂、山楂糕等的上好原料，目前已注册"川道红"山楂品牌，成为带动当地农民脱贫致富的主导产业之一。山楂药食两用，可降血脂、血压，健脾开胃，消食化滞。

33. 冰糖石榴

【作物名称及种质名称】 石榴　　冰糖石榴

【科属及拉丁名】石榴科Punicaceae石榴属*Punica*

【资源采集地】平阴县锦水街道大李子顺村

【生物学特性】落叶乔木。树干呈灰褐色，上有瘤状突起。叶呈长披针形，顶端尖，表面有光泽，背面中脉凸起，有短叶柄。花期5月，花两性，花瓣倒卵形，覆瓦状排列。果熟期9月下旬，成熟后变成大型而多室、多籽的浆果，每室内有多数籽粒，外种皮肉质，呈鲜红色，籽粒甜、多汁、口感好。

【资源利用概况】此株冰糖石榴发现于一村民家中，树龄60余年。虽庭院废弃，但石榴树生命力依旧旺盛，且年年结果。石榴果实大，口感好，果熟期附近村民常来采摘。石榴营养丰富，既可食用又可药用。此外，中国传统文化视石榴为吉祥物，为多子多福的象征。

34. 酸石榴

【作物名称及种质名称】 石榴　　酸石榴

【科属及拉丁名】石榴科Punicaceae石榴属*Punica*

【资源采集地】济阳区新市镇魏家村

【生物学特性】落叶乔木，树干灰褐色，有瘤状突起，树势旺。果熟期10月上旬，果实个头大，成熟后外表鲜红，籽粒为红色。产量高，单果重350～500克。该品种抗病性强，高抗炭疽病、褐斑病、叶斑病。

【资源利用概况】酸石榴为地方品种，在当地有70余年的种植历史，但现仅存几株。果实不同于普通甜石榴，口感酸甜、偏酸，具有独特风味。

35.平阴甜石榴

【作物名称及种质名称】　石榴　　平阴甜石榴

【科属及拉丁名】石榴科Punicaceae石榴属*Punica*

【资源采集地】平阴县玫瑰镇南台村

【生物学特性】落叶乔木。高约5米，树干灰色。叶纸质，长椭圆形，基部稍钝，叶面亮绿色，背面淡绿色，花萼钟形，质厚。果熟期10月上旬，果实近球形、成熟后黄色具红色斑块，种子多数，乳白色，外种皮肉质，汁多，甜度较高。具有优质、抗病、抗虫的特点。

【资源利用概况】平阴甜石榴发现于一农户院落内，树龄超20年。主要用途为食用，营养价值较高，维生素C含量比苹果、梨要高出1~2倍。

36.黄金蜜桃

【作物名称及种质名称】　桃　　黄金蜜桃

【科属及拉丁名】蔷薇科Rosaceae桃属*Amygdalus*

【资源采集地】钢城区汶源街道霞峰村

【生物学特性】落叶小乔木。树冠宽广而平展，树皮暗红褐色。小枝细长，无毛，有光泽，绿色，向阳处转变成红色，具大量小皮孔。叶为窄椭圆形至披针形，先端成长而细的尖端，边缘有细齿，暗绿色有光泽，叶基具有蜜腺。花单生，有短柄。果熟期8月上旬，核果近球形，平均单果重200克，大果380克左右，套袋果实呈金黄色，摘袋红色，果肉橙黄色，肉质细，液汁多，含糖量12%左右，味甜微酸，香味浓郁，口感极佳。有带深麻点和沟纹的核，内含白色种子。该品种适生性强，耐寒、耐热、耐贫瘠。

【资源利用概况】钢城区黄金蜜桃种植始于20世纪60年代。1967年，霞峰村村民从外地引进"大接桃"树苗，次年，在本地桃树实生苗上嫁接，经过近十年的精心选育，原始品种逐渐具备色泽鲜艳、个大多汁、酸甜适口的特点，因"黄如金，甜如蜜"改称黄金蜜桃。霞峰村一带家家户户均种植桃树，2001年，钢城区被国家林业局命名为"中国蜜桃之乡"，2012年，钢城区霞峰村被认定为全国"一村一品"示范村镇。近年来，钢城区桃树种植面积近10万亩，每年产值过亿元。桃园产量大、品种全，产桃季节能不间断地大批量供应市场，具有很强的市场竞争力，规模优势十分明显。黄金蜜桃除鲜食外也特别适合加工成黄桃罐头，别具风味。

37. 玉龙雪桃

【作物名称及种质名称】　桃　　玉龙雪桃
【科属及拉丁名】蔷薇科Rosaceae桃属Amygdalus
【资源采集地】历城区彩石街道玉龙村
【生物学特性】落叶小乔木。株高3～5米，分枝密，主干棕色，当年生新枝略带红色，叶片细长形。幼树生长旺盛，一般栽后3年结果，6～8年进入盛果期，产量高。花期3—4月，成熟期11月。成熟的果实绿白色，紧贴枝干生长，向阳面稍有红晕，皮薄肉厚，质细核小，汁多脆甜，离核。单果重100～150克，最大单果重300克，果形周正。果实硬度高，较耐贮运，在常温下可储存1～2个月不皱皮。玉龙雪桃适应性强，抗旱、抗寒、耐贫瘠，在山丘、梯田、堰边栽植均生长良好，植株寿命一般在30年左右。

【资源利用概况】玉龙雪桃为选育品种，因11月下旬小雪前后成熟采收，故称雪桃，是优良的晚熟品种。该品种1953年选育成功，起初因受生长期长、不宜看管等多种因素的影响，发展缓慢。1985年后，雪桃种植面积有了较大增长，产量稳步提升，注册"玉龙雪桃"品牌。近年来，随着鲜食桃品种更新换代加快，该品种种植面积缩减。

38. 白银桃

【作物名称及种质名称】　桃　　白银桃

【科属及拉丁名】蔷薇科Rosaceae桃属*Amygdalus*

【资源采集地】长清区张夏街道花岩寺村

【生物学特性】落叶小乔木。叶为窄椭圆形，长15厘米，宽4厘米，先端成长而细的尖端，边缘有细齿，暗绿色有光泽，叶基具有蜜腺。树皮暗灰色，随树龄增长出现裂缝。花单生，从淡粉至深粉红或红色，有短柄，早春开花。核果白里透红、近球形，顶端尖、个大、单个重350～400克，表面有毛茸，口感脆甜。

【资源利用概况】白银桃为地方特有品种，当地种植近40年。据当地村民介绍，只有在本村附近种植的桃才有上成的口感，在其他地方嫁接后口感变差，不及原产地好。因其冰糖口感、肉厚核小、离核，品质好，深受消费者喜爱。果实上市时，价格高于同期其他品种，经济效益好，鼎盛时期远销马来西亚等国家。早些年本村几乎家家种植该品种，近几年由于劳动力缺乏、病虫害加剧等原因，现存桃树只有100多株。

39. 平阴寿桃

【作物名称及种质名称】　桃　　平阴寿桃

【科属及拉丁名】蔷薇科Rosaceae桃属*Amygdalus*

【资源采集地】平阴县锦水街道李山头村

【生物学特性】落叶小乔木。高约4米，树冠茂盛。叶片披针形，边缘有细齿，深绿色。花期4月中旬左右，单生，有短柄。果熟期8月上旬，早熟，果实近球形、颜色淡红，果肉软硬适度、汁多如蜜。具有优质、抗病和丰产的特性。

【资源利用概况】平阴寿桃在当地种植多年，因品质好、外形美观深受当地百姓喜爱。主要用途为鲜食，营养价值较高，低血钾和缺铁性贫血患者食用更佳。

40. 章丘晚熟桃

【作物名称及种质名称】　桃　　章丘晚熟桃

【科属及拉丁名】蔷薇科Rosaceae桃属*Amygdalus*

【资源采集地】章丘区曹范街道黄石梁村

【生物学特性】落叶小乔木。高3～4米，主干直径约15厘米。叶片披针形。花期4月上旬左右。果熟期8月上旬，果实近球形，表面有绒毛，直径约4厘米。果肉清脆，汁多，甜度适中，口感佳。具有高产、优质、广适的特性。

【资源利用概况】晚熟桃为地方品种，在当地约有30年的种植历史。主要用途为鲜食，营养价值较高。

41. 小白油桃

【作物名称及种质名称】 桃 小白油桃

【科属及拉丁名】蔷薇科Rosaceae桃属*Amygdalus*

【资源采集地】市中区党家街道小白村

【生物学特性】落叶小乔木。油桃表皮无毛而光滑、发亮、颜色比较鲜艳，像涂了一层油。小白油桃果实个大，含糖量高，脆甜，口感好。油桃具有抗病、抗虫、适应性强的特点。

【资源利用概况】小白油桃发现于农户多年经营的果园中，只有几十株，树龄约30年。因品质好在当地有一定的名气，每年吸引不少游客前来赏花和采摘。油桃富含多种维生素，有很高的营养价值。

42. 西马泉甜水杏

【作物名称及种质名称】 杏 西马泉甜水杏

【科属及拉丁名】蔷薇科Rosaceae杏属*Armeniaca*

【资源采集地】钢城区棋山管委会西马泉村

【生物学特性】落叶乔木，高5~8米。树皮灰褐色，纵裂。叶片宽卵形，叶边有圆钝锯齿，叶柄无毛。花期3月，花单生，先于叶开放，花萼紫绿色，萼筒圆筒形，萼片卵状长圆形，花后反折。果熟期6月，果实球形，直径2.5厘米以上，黄色，常具红晕，微被短柔毛。果肉多汁，成熟时不开裂，酸甜可口，有香味。具有高产、优质、广适的特性。

【资源利用概况】据《中国村庄志》记载，西马泉村原名叫上马泉村，相传东汉皇帝刘秀路过此地，当其步行一段路程后感觉疲劳，遂让随从扶其上马，因而得名，后改为西马泉村。西马泉村的杏林里大约有1 000棵杏树，每棵树的树龄都在100年以上，每年产杏2.5万多千克。最早为贡杏，大、甜，不酸牙，每年夏天，越来越多的游客选择来此采摘杏果，果实采摘及相关产业已经成为西马泉村民致富增收的一大途径。

43. 野生杏

【作物名称及种质名称】 杏 野生杏

【科属及拉丁名】蔷薇科Rosaceae杏属*Armeniaca*

【资源采集地】历城区高尔乡孙家崖村

【生物学特性】多年生落叶乔木。高1~5米，枝干棕褐色，无毛。叶片长卵形，长3~10厘米，宽2~7厘米。花期3月，果熟期10月，果实近球形，绿色，直径2~3厘米，超晚熟。果肉较少，味酸，果核大，杏仁甜。具有抗

病、耐贫瘠的特性。

【资源利用概况】野生资源，在南部山区首次发现此种野生超晚熟、甜杏仁品种，目前尚未开发利用，可作为晚熟杏品种培育的种质资源。

44. 张夏玉杏

【作物名称及种质名称】 杏　　张夏玉杏

【科属及拉丁名】蔷薇科Rosaceae杏属*Armeniaca*

【资源采集地】长清区张夏镇黄家峪村

【生物学特性】落叶乔木。张夏玉杏果实早熟，5月中旬即可采摘上市，单果重平均80克，最重可达125克，果实呈扁圆形，肉厚、核小、皮薄，色泽橙黄色，阳面有片红，果肉橙黄色，肉质脆硬，酸甜适口，果仁味苦，耐贮运。

【资源利用概况】张夏玉杏又名御杏、汉帝杏、金杏，栽植杏树已有2 000多年的历史，据记载，黄家峪又名金舆谷，谷中有山名曰玉符山，山中生产杏果，此果成熟后，果实如美玉般晶莹剔透，百姓便称之为玉杏。相传，清代，乾隆去泰山祭天的途中路经此地，远远望去满山遍野都是金黄的果子，便令随从摘来品尝，此果个大皮薄，香甜可口，芳香四溢，乾隆非常高兴，钦定此果为宫廷御用，便把玉杏又叫御杏。

20世纪50年代的时候，张夏镇就有农户栽种杏树，并且把杏果运到济南市区卖。1997年开始广泛种植，到2000年左右，几乎家家都是杏树专业户了。进入21世纪，张夏镇先后投资300多万元，连续举办了11届杏花节，累计接待游客200余万人次。杏花节的举办，不仅使张夏镇赢得了"济南新春第一游"首选地的美誉，也使张夏万亩玉杏基地声名远扬。

2010年，张夏玉杏被农业部列为农产品地理标志登记保护产品。张夏玉杏果实色艳味美，香气宜人，是一种营养价值较高的水果，此外，杏仁有良好的药用效果。

45. 红荷包杏

【作物名称及种质名称】 杏 红荷包杏

【科属及拉丁名】蔷薇科Rosaceae杏属Armeniaca

【资源采集地】市中区十六里河街道大涧西村

【生物学特性】多年生落叶乔木。杏树枝条粗壮，树势强健，树姿开张。定植后三年结果，较丰产，果实中等大小，平均单果重43克，大者55克。5月底6月初成熟，属早熟杏，宜鲜食。果实椭圆形，顶端微凹，缝合线明显。果面底色黄，阳面少具红色。果皮厚，不易剥离。果肉淡黄色，汁液较少，肉质韧，稍粗，离核，味酸甜，香气浓，品质佳。红荷包杏耐贮藏，常温下可贮藏5～6天。红荷包杏适应性强，抗病虫。

【资源利用概况】红荷包杏产于济南市南部山区，大涧西村为红荷包杏的发源地，原是一株实生变异，有近200年的历史，最初单株被发现后，受到严密保护，直至几十年后才有了一定发展，新中国成立前市中区大涧西村年产量达25吨，目前全村种植面积约500亩。

46. 济丽红杏

【作物名称及种质名称】 杏 济丽红杏

【科属及拉丁名】蔷薇科Rosaceae杏属Armeniaca

【资源采集地】市中区十六里河街道瓦峪沟村

【生物学特性】树冠圆形或半圆形，树姿开张。3月下旬开花，花期4～6天，果实近球形，6月下旬成熟，为晚熟品种，采收期7天左右，平均单果重85克，最大果重132

克。据调查，三年生树单株产量达10千克，五年生树单株产量达40千克。果实表面光滑，底色黄，向阳面浓红，色泽艳丽。果肉橙黄，肉质清脆，味浓香，口感酸甜，种核小、可食用。济丽红杏耐挤压、耐贮运，适应性较广，抗逆性较强，病虫害少。

【资源利用概况】济丽红杏又名"关公脸"，为地方农家品种，系自然实生变异，1999年定名为"济丽红"。果实外形好，品质佳，村民大多在附近集市出售。近年来由于城市化进程加快，许多杏树因整村搬迁而被砍伐，瓦峪沟村现存仅30余亩杏林。

47. 甜核杏

【作物名称及种质名称】　杏　　甜核杏

【科属及拉丁名】蔷薇科Rosaceae杏属*Armeniaca*

【资源采集地】商河县怀仁镇洼李村

【生物学特性】落叶乔木。植株无毛，杏树粗壮，主干树皮开裂状。叶互生，边缘有钝锯齿。花期3月底到4月初，花单生。果熟期为6月，核果近圆形，向阳部常具红晕和斑点，杏肉酸甜可口，杏仁不苦，可直接食用。具有优质、抗旱、广适、耐贫瘠的特性。

【资源利用概况】怀仁镇洼李村古杏林占地近千亩，古树最大树龄逾300年，多数在100～300年。关于这片古杏林，村里一直流传着这样一个传说，汉朝时，因黄河决口，时任河堤都尉许商在商河治水，需要大量的木材，但因洪水泛滥，树木所剩无几。村中有一位李姓人家，舍小家为大家，把自家的杏林全部砍伐，以供治水之用。水灾消除后，许商号召远近四方百姓前来义务植树，以答谢他的无私奉献。于是李姓人家的杏园附近种植了大量的杏树，在当地形成了种杏树的传统。后世几经更替，最终造就了现在的洼李古杏林。近年来，怀仁镇依托大沙河古杏林的生态资源和丰富多彩的文化资源，一年一个主题，成功举办了七届踏青赏花文化旅游节，以花为媒，以节会友，提升了怀仁知名度和美誉度，取得了显著的经济和社会效益。

48. 商河桃杏

【作物名称及种质名称】　杏　　商河桃杏

【科属及拉丁名】蔷薇科Rosaceae杏属*Armeniaca*

【资源采集地】商河县沙河镇陈围子村

【生物学特性】落叶乔木。树高约10米，树姿半开张，树冠半圆形。主干粗糙，树皮皱裂，灰黑色。叶互生，椭圆形。花期4月初，果熟期为6月上旬，果实黄色带红晕、近圆形，形状似桃，单果较大，酸甜可口，品质佳。具有高产、优质、抗病、抗虫的特性。

【资源利用概况】商河桃杏树龄大多50年以上，零星分布，因其果实口感好、果型美观，不仅可食用还可作为观赏植物栽植。

49. 扫帚红杏

【作物名称及种质名称】　杏　　扫帚红杏

【科属及拉丁名】蔷薇科Rosaceae杏属*Armeniaca*

【资源采集地】莱芜区茶业口镇逯家岭村

【生物学特性】落叶乔木。植株无毛，株高约7米，主干直径约30厘米。叶互生，圆卵形，边缘有钝锯齿。花期3月，果熟期6月下旬，扁圆形核果，味甜多汁，种仁偏苦。具有抗旱、耐贫瘠的特性。

【资源利用概况】逯家岭村为茶业口镇境内海拔最高的村庄，村庄有600多年历史，是古村落的活化石，房舍建在陡峭的悬崖边上，被称为"挂在悬崖上的村庄"。村落中古树较多，其中扫帚红杏树龄超百年。主要用途为食用，营养极为丰富，不仅含较多的糖、蛋白质以及钙、磷等矿物质，还含多种维生素。

50. 观音脸杏

【作物名称及种质名称】　杏　　观音脸杏
【科属及拉丁名】蔷薇科Rosaceae杏属*Armeniaca*
【资源采集地】历城区柳埠街道突泉村
【生物学特性】落叶乔木。植株高约3米。叶互生，椭圆形。花期3月，果熟期7月中旬，果实扁圆形，成熟后向阳面着片状浓红色，外观漂亮，口感酸甜。具有高产、优质、抗病的特性。

【资源利用概况】观音脸杏在历城区柳埠镇突泉村广泛种植，村中有古名泉"突泉"，有唐代石刻造像皇姑庵遗址，花开时节，吸引众多游客前来观赏。主要用途为食用，口感佳。

51. 中华小樱桃

【作物名称及种质名称】 樱桃 中华小樱桃

【科属及拉丁名】蔷薇科Rosaceae樱属*Cerasus*

【资源采集地】莱芜区茶业口镇下法山村

【生物学特性】中华小樱桃属中国樱桃系统，落叶乔木。高2～6米，树皮灰白色，小枝灰褐色，嫩枝绿色。叶片长圆状卵形，先端渐尖或尾状渐尖。花期3月底左右，花序伞房状，有花3～6朵，先叶开放。果熟期6月上旬，核果近球形，红色，果实小，直径约1厘米，宜鲜食，口感好，汁多，甜度适中。

【资源利用概况】茶业口镇山水生态资源得天独厚，森林覆盖率60%以上，平均海拔400米，优质的山泉水、适宜的自然条件，格外适宜樱桃生长。全镇已有300多年的樱桃种植历史，素有"樱桃之乡"的美誉。优质樱桃种植面积12 000余亩，拥有中华小樱桃、野生山樱桃、意大利早红、红灯、美早等10多个樱桃品种。依托樱桃种植面积大、产量高、品种全、市场品牌影响力逐渐提升等优势，茶业口镇成立了樱桃协会，目前已发展会员3 200户，年产樱桃150余万千克，樱桃产业已成为茶业口镇特色主导产业之一。茶业樱桃节已成功举办多届，成为济南乃至周边地区市民广为推崇的"农家旅游"集会。

52. 长清小樱桃

【作物名称及种质名称】 樱桃 长清小樱桃

【科属及拉丁名】蔷薇科Rosaceae杏属*Armeniaca*

【资源采集地】长清区万德街道裴家园村

【生物学特性】落叶乔木。高2～6米。树皮灰白色，叶片卵形，先端渐尖。花期3月下旬，花序伞房状，花3～6朵，果熟期6月，核果近球形，颜色鲜艳，宜鲜食，口感清爽，汁多，酸甜可口。

【资源利用概况】万德街道裴家园自然条件优越，地理位置独特，樱桃种植已有200多年历史，人均樱桃树达到110棵，也是全村百姓经济收入主要来源。这里出产的小樱桃，因色泽红润、玲珑剔透、肉质娇嫩、甜蜜可口而畅销市场，方圆百里负有盛名。依托裴家园村近2 000亩地的樱桃，长清区万德街道裴家园村已成功举办十五届樱桃采摘节，樱桃树真正成为了裴家园人的"摇钱树"。

53. 章丘西山樱桃

【作物名称及种质名称】 樱桃 章丘西山樱桃
【科属及拉丁名】蔷薇科Rosaceae樱属Cerasus
【资源采集地】章丘区普集街道西山村
【生物学特性】落叶乔木。高约3米。叶片椭圆形，先端短渐尖，基部楔形。花序伞形，花瓣倒卵形。果熟期5月下旬，早熟品种。核果近球形，口感好，酸甜可口。具有优质、抗病、抗旱、耐贫瘠的特性。

【资源利用概况】西山村是一个有着500多年樱桃种植历史的村庄，以小樱桃居多，这里房前屋后、田间地头都种满了樱桃树，"村在樱桃环抱中，樱桃花开屋檐下"正是西山樱桃的真实写照，这里的樱桃树很"长寿"，有不少树龄在六七十年，山顶还有几株近百岁的老樱桃树，每年都能结出酸甜可口的果实。

54. 常奶奶无花果

【作物名称及种质名称】 无花果 常奶奶无花果

【科属及拉丁名】桑科Moraceae榕属*Ficus*

【资源采集地】槐荫区段北刘堂小区

【生物学特性】落叶小乔木，树皮灰褐色，树冠大。叶互生，厚纸质，广卵圆形，长宽近相等，通常3~5裂，表面粗糙，叶柄粗壮。花果期5—7月，榕果单生叶腋，梨形，直径3~5厘米，顶部下陷，成熟时紫红色。无花果树具有抗病虫、抗旱的特点。

【资源利用概况】无花果树势优雅，常用作庭院、公园的观赏树木。此外，无花果树适应能力强，在化工污染区、干旱的沙荒地区均能生长。常奶奶无花果树是一位本地村民30多年前为了给老伴治病种植的，其叶子煮水后熏蒸可用于缓解外疮性疾病。

55. 早熟七月紫

【作物名称及种质名称】 欧李 早熟七月紫

【科属及拉丁名】蔷薇科Rosaceae樱属*Cerasus*

【资源采集地】市中区陡沟街道陡沟村

【生物学特性】欧李又称钙果，灌木型果树，小枝灰褐色，被短柔毛。叶片倒卵状长椭圆形，花单生或2~3花簇生，花叶同开，花瓣白色或粉红色。欧李生于阳坡沙地、山地灌丛中，耐干旱，耐严寒，在肥沃的沙质壤土或轻黏壤土种植为宜。

早熟七月紫的育种者周建忠先生前期已育成多个欧李品种，早熟七月紫从七月紫品种的实生苗中选育而来，7月上旬成熟，果实稍大，口感好。

【资源利用概况】欧李大多为野生，是传统中药郁李仁的主要原植物，具有清热、利水之功效。果实有红色、黄色、紫色，鲜艳诱人，果味鲜美可口，所含的钙是天然活性钙，易吸收，利用率高，是老人、儿童补钙的好果品。此外，欧李有极强的固土保水作用，茂盛的枝叶也可为畜牧业发展提供良好优质饲草。

第五章　中药材

1. 白花丹参

【作物名称及种质名称】　丹参　　白花丹参

【科属及拉丁名】唇形科Labiatae鼠尾草属*Salvia*

【资源采集地】莱芜区苗山镇南苗山四村

【生物学特性】多年生直立草本植物。形态类同传统丹参，但花为白色。丹参幼苗茎叶呈绿色，茎四棱形、具槽，上部分枝，叶对生。根茎粗短、呈深褐色，侧根数十条。皮厚木芯小，外皮不易剥落，质坚实，不易折断。

【资源利用概况】莱芜白花丹参属丹参族中一极品，为莱芜道地药材之一。丹参味苦，性寒，具有祛瘀止痛、活血通经、清心除烦等功效，其有效成分含量是紫花丹参的2～3倍。

莱芜白花丹参为国家地理标志产品。20世纪末，莱芜白花丹参处于近乎灭绝的状态，为保护这一珍稀药材，多年从事医学工作的李奉举和他的专业技术团队成立了专门的白花丹参研究机构，对白花丹参进行系统的研究和驯化栽培。目前，苗山镇成立了专门种植丹参的合作社，在品种选育、产品研发领域均有建树，与山东省中医药大学等科研机构的合作也逐渐成熟。莱芜白花丹参已被加工成白花丹参茶、白花丹参酒、白花丹参饮品等十几个产品。苗山镇丹参种植面积2万多亩，相关产业已形成一定规模。

2. 黄蜀葵

【作物名称及种质名称】　黄蜀葵　　黄蜀葵

【科属及拉丁名】锦葵科Malvaceae秋葵属*Abelmoschus*

【资源采集地】莱芜区和庄镇南麻峪村

【生物学特性】黄蜀葵为一年生粗壮直立草本，高1~2米。茎被黄色刚毛，叶大，直径15~30厘米，掌状分裂，有5~9片狭长大小不等的裂片，叶柄长6~18厘米。花黄色，单生叶腋和枝端，花期6—8月。

【资源利用概况】该品种由当地农户选育而来。黄蜀葵花可入药，有清利湿热、消肿解毒的作用，黄蜀葵花开时采摘，摘后需及时干燥。

3. 香附子

【作物名称及种质名称】　香附　　香附子

【科属及拉丁名】莎草科Cyperaceae莎草属*Cyperus*

【资源采集地】莱芜区苗山镇下郭家沟村

【生物学特性】香附，别名莎草，为莎草科的多年生草本植物。茎直立，三棱形，高约40厘米。叶近基生出，细长，呈线形。有匍匐根状茎，细长，部分肥厚呈纺锤形，有时数个相连。

【资源利用概况】香附原为野生资源，生于河道两岸或有水的湿地，香附干燥根茎为常用中药，主要用于肝郁气滞、胸胁痞满、脘腹胀痛等症。汶香附是香附中最好的品种，主要分布在汶河两岸，由于过度人为采挖及河道治理，汶香附近乎灭绝。为有效保护利用这一珍贵资源，近几年，当地中药材加工企业成立了合作社，采集汶香附野生种子进行选育，扩大种植，已形成一定规模。

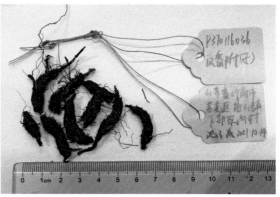

4. 白首乌

【作物名称及种质名称】 白首乌 白首乌

【科属及拉丁名】萝藦科Asclepiadaceae鹅绒藤属*Cynanchum*

【资源采集地】长清区万德镇马套村

【生物学特性】攀缘性半灌木。块根粗壮，茎纤细而韧，被微毛。叶对生，戟形。伞形聚伞花序腋生，花萼裂片披针形。蓇葖果单生或双生，种子卵形。花期6—7月，果期7—10月。

【资源利用概况】白首乌块根肉质多浆，味苦甘涩，可入药，具有滋补肝肾、镇静安神，益寿延年之功效，为滋补珍品。

白首乌主产于山东，可以作为药食两用物品来开发应用。民国时期高宗岳出版的《泰山药物志》中明确记载了泰山何首乌内里洁白，与市售的何首乌有明显不同，是泰山四大名药之一。山东中医学院第一任院长刘惠民先生20世纪50年代带领弟子们在灵岩寺一带亲自采集、亲自将白首乌单独用于临床后，得出结论"白首乌临床疗效优于何首乌"，此后，白首乌滋补肝肾的突出疗效被收载于《山东中药》和《中药大辞典》等著作中。

5. 灵岩御菊

【作物名称及种质名称】 菊花 灵岩御菊

【科属及拉丁名】菊科Asteraceae菊属*Dendranthema*

【资源采集地】长清区万德镇灵岩寺

【生物学特性】灵岩御菊又称御菊芽、山菊芽，为多年生草本植物，因产自长清万德灵岩山下而得名。该品种不同于常见野菊花，叶片双面绿色、舒展，茎红色，香味俱胜，叶背无毛。具有优质、抗旱、耐贫瘠的特点。菊芽适合山地生长，亩产鲜叶可达1 500千克，可多次采收鲜叶，菊花采收期为10月下旬。

【资源利用概况】长清区灵岩村青山环绕，泉水众多，优越的自然条件使灵岩御菊的营养积累更加独特，灵岩御菊色泽青翠欲滴，口感清新怡人，同时具有清肝明目，清热解毒等功效。菊芽能烹饪使用，是当地独有特产和时令菜蔬，可用于制作各式精美菜品，具有500多年的食用历史。

据史书记载，乾隆皇帝七下江南，八次来到灵岩，亲自品尝了用灵岩御菊做的佳肴，赞不绝口。后每次到灵岩，便钦点御用，被誉为"御菊"。自2011年始，做过大厨的村民康其国流转土地近500亩，搞起了山菊芽栽植并一举成功，再用菊芽加工成食品。现在菊芽种植面积已达几千亩，开发了10多个食用产品，年产值近2 000万元。灵岩御菊2016年被列为国家地理标志登记保护产品。

6. 留兰香

【作物名称及种质名称】 留兰香 留兰香

【科属及拉丁名】唇形科Labiatae薄荷属*Mentha*

【资源采集地】商河县殷巷镇逯家村

【生物学特性】多年生草本。茎直立，高40~100厘米，无毛，绿色，枝钝四棱形，具槽及条纹。叶近无柄，卵状长圆形或长圆状披针形，先端锐尖，基部宽楔形至近圆形，边缘具尖锐而不规则的锯齿，草质，上面绿色，下面灰绿色。轮伞花序生于茎及分枝顶端，花萼钟形，花具腺点。花冠淡紫色，两面无毛。茎、叶经蒸馏可提取留兰香油，药食两用。有类似薄荷的香味，但味浓于薄荷。

【资源利用概况】留兰香是一种经济价值极高的香料及药用草本植物，提炼的留兰香精油被誉为"液体黄金"，同时也是祛风散寒、消肿解毒药品的主要成分。留兰香易成活，一年收割两次，每亩可以提炼留兰香精油15千克。

殷巷镇有20多年的留兰香种植历史，目前全镇留兰香种植面积超过1万亩，成为山东最大的留兰香种植基地。借助于留兰香种植基地，殷巷镇连续举办了多次山东商河留兰香文化节，品牌知名度进一步提升。此外，殷巷镇逯家村成立了多家留兰香种植合作社，实行"支部+合作社+基地+贫困户"模式，通过土地流转承包，辐射周边乡村，每亩留兰香收益4 500元左右。

7. 野栝楼

【作物名称及种质名称】　栝楼　　野栝楼

【科属及拉丁名】葫芦科Cucurbitaceae栝楼属*Trichosanthes*

【资源采集地】长清区万德镇大刘村

【生物学特性】多年生攀缘草本植物，蔓长可达10米。茎多分枝，果实长球形，幼果青绿色，熟时橙红色。种子卵状椭圆形，淡黄褐色，近边缘处具棱线。

【资源利用概况】野生资源，自然生长于废弃田间地带。栝楼有解热止渴、利尿、镇咳祛痰等作用。

8. 仁栝楼

【作物名称及种质名称】 栝楼 仁栝楼

【科属及拉丁名】葫芦科Cucurbitaceae栝楼属*Trichosanthes*

【资源采集地】长清区马山镇双泉村

【生物学特性】多年生攀缘草本。茎上有卷须，叶子心脏形，花白色，雌雄异株，果实近圆形，收获时为深绿色，晾干后皮为黄色，鲜果重300~400克，晾干后果重150克左右，种子长圆形，瓤棕黄色，干果味甘，稍苦、涩。

【资源利用概况】马山栝楼是全国农产品地理标志产品。据长清旧县志记载，早在清代以前，马山庄科、焦庄一带就开始种植，已有300余年的历史。栝楼皮、籽、瓤、根均可入药，具有清热涤痰、宽胸散结、润燥滑肠的功效。马山栝楼质量优良，以其个大、皮厚柔韧、皱缩有筋、色橙红、糖性足、焦糖气浓而享誉国内外。

第六章 济南市种质资源普查与收集工作掠影

　　2020年5月，济南市开始对全市11个县区（市中区、槐荫区、天桥区、章丘区、济阳区、历城区、长清区、莱芜区、钢城区、商河县、平阴县）开展各类作物种质资源的全面普查，在普查的基础上，平阴县、章丘区配合山东省农业科学院进行各类作物种质资源的系统调查。在完成国家普查任务的同时，对食用菌、中药材种质资源进行全面普查与收集，做到应收尽收。2020年7月3日，济南市召开全市种质资源普查收集工作动员大会。

　　普查与收集行动全面启动后，济南市农业技术推广站定期组织召开种质资源普查与收集工作推进督导会，对各县区工作情况进行座谈、调度。

2021年10月12日，刘旭院士带队到济南市章丘区进行农作物种质资源普查与收集工作调研。调研组在普集镇西山村走访资源保存的老农户，在刁镇鲍家村调研鲍芹种质资源开发利用情况。

济南市市中区、天桥区、槐荫区为济南市的建城区，农业占比较小，技术力量较弱，针对这种情况，市级专门成立协调小组，从普查表填报到种质资源信息采集、实物资源寄送，全方位协助，在市县两级普查人员的全力配合下，普查工作顺利开展。

　　济南市普查小组到各区县实地调研优异种质资源，深入了解资源品种分布区域、生态环境、历史沿革、濒危状况、保护现状等信息，详细记录当地农民对其优良特性、栽培方式、利用价值、适应范围等认知方面的信息。

　　济南市市中区农业农村局积极对接各街道办事处，从每个街道选派1~2名经验丰富、熟悉本地种植品种的农民做向导，通过走访调查的方式提前进行查找、收集，提高工作效率。

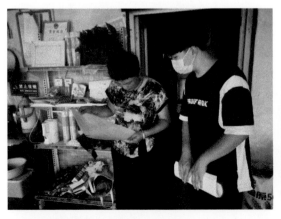

　　济南市槐荫区农业农村局深入走访、广泛宣传，发动基层普查员进村入户，实地调查。从经济作物、蔬菜等优良地方品种入手，共征集种质资源线索34个，其中24份种质资源被国家种质资源库圃接收，涉及作物种类有韭菜、桑、苹果、桃、无花果、枣等。

济南市天桥区农业农村局积极协调省气象局、区统战部、区统计局、自然资源局等多个部门，广泛收集数据。在2020年工作的基础上，2021年又下发了继续开展农作物种质资源普查与收集的通知，通过普查员包挂各管区的方式，不断加大工作力度，提高收集效率。

济南市钢城区农业农村局召开各街道、镇农技站长会议，详细部署全区农作物种质资源普查与收集工作。通过举办培训班的方式讲解普查技术、方法和此项工作的意义；给提供征集线索的人员适当补助；根据时间节点及时召开调度会，确保普查与收集工作顺利推进。

作为莱芜区农作物名片，莱芜生姜、白皮蒜等种质资源均被收录到此次行动中。不仅如此，以大王庄镇的唐朝古板栗、高庄街道的团山梨为代表的一批具有历史文化价值的古老资源也在此次行动中重新受到重视。

为进一步挖掘中药材种质资源，长清区农业农村局积极联合山东中医药大学，组建中药材种质资源团队。团队多次深入东南部偏远山区，翻山越岭、实地勘查，通过与老专家、老农户座谈交流的方式全面了解资源的历史、现状，开发利用情况。

济阳区农业农村局成立了由30余位农业专家、技术人员组成的普查小组，行程近3 000千米，发放、张贴400余份《济阳区农业农村局关于征集农作物种质资源的通告》，真正做到了普查工作家喻户晓，为工作开展打下了良好的群众基础。

普查与征集工作面广量大、技术含量高，要求普查员有较强的责任感和一定的专业知识，历城区农业农村局充分发挥基层普查员的优势，发挥他们长期在基层工作，熟悉区域内农业生产的有利条件，提供精准线索，做到了普查与收集工作快、准、全。

截至2022年7月，平阴县农业农村局种质资源普查与收集工作接近尾声，包括太西黄梨、中华寿桃、平阴谷子在内的共计50份种质资源收到国家种质资源库圃的接收证明，是济南市接收种质资源份数最多的任务区县。与此同时，平阴县配合山东省农业科学院进行种质资源系统调查，共收集种质资源100余份。

普查与收集行动开始前，章丘区农业农村局将县域划分为平原和山区两部分，并为各区聘请了熟悉本地情况的向导，负责前期种质资源初步调查。通过一段时间的调查，普查员发现越偏远的山区村庄资源多样性越丰富，地方品种也越多。因此，行动后期把偏远山区村庄作为种质资源收集的主要方向。

商河县农业农村局积极组织报刊、电台、电视台等媒体跟踪报道本次行动，广泛宣传本次种质资源普查与收集行动的重要意义，提升全社会参与保护农作物种质资源多样性的意识和行动，确保此次普查与收集行动取得实效。

附　录

附录一

济南市农作物种质资源普查与收集行动实施方案

济南市农业农村局关于印发《济南市农作物种质资源普查与收集行动实施方案》的通知

相关区、县农业农村局，局机关有关处室：

农作物种质资源保护利用是丰富农作物基因库的重要途径，是提升现代种业和农业核心竞争力的强有力支撑。普查与收集是农作物种质资源保护利用的基础，是对珍惜、濒危作物野生种质资源进行抢救保护的重要举措。根据《山东省农作物种质资源普查与收集行动实施方案》（鲁农种字〔2020〕8号）文件精神，结合我市实际情况，制定了《济南市农作物种质资源普查与收集行动实施方案》，现印发给你们，请认真贯彻落实。

联系单位：济南市农业技术推广站　联系人：谈政

济南市农业农村局

2020年5月20日

济南市农作物种质资源普查与收集行动实施方案

一、目标任务

（一）农作物种质资源普查与征集。按照山东省规划对全市11个县区开展各类作物种质资源的全面普查，力争年内完成普查任务。一是查清粮食作物、经济作物、蔬菜、果树、牧草等栽培作物古老地方品种的分布范围、主要特性以及农民认知等基本情况；二是查清列入国家重点保护名录的作物野生近缘植物的种类、地理分布、生态环境和濒危状况等重要信息；三是查清各类作物的种植历史、栽培制度、品种更替、社会经济和环境变化、种质资源的种类、分布、多样性及其消长状况等基本信息；四是分析当地气候、环境、人口、文化及社会经济发展对农作物种质资源变化的影响，揭示农作物种质资源的演变规律及其发展趋势。填写《第三次全国农作物种质资源普查与收集行动普查表》（附件3）。在此基础上，征集各类古老、珍稀、特色、名优的作物地方品种和野生近缘植物种质资源330份以上（每个县区30份），填写《第三次全国农作物种质资源普查与收集行动征集表》（附件4）。

在完成国家普查任务的同时，要对食用菌、中药材种质资源进行全面普查与收集，按照对其他作物要求，做到应收尽收，填写《山东省食用菌、中药材种质资源普查与收集行动普查表》（附件5）和《山东省食用菌、中药材种质资源普查与收集行动征集表》（附件6）。

（二）农作物种质资源系统调查与抢救性收集。按照山东省安排，在普查基础上，平阴县、章丘区作为农作物种质资源丰富的县、区，配合省农科院进行各类作物种质资源的系统调查。调查各类农作物种质资源的科、属、种、品种分布区域、生态环境、历史沿革、濒危状况、保护现状等信息，深入了解当地农民对其优良特性、栽培方式、利用价值、适应范围等认知方面的基础信息，填写《第三次全国农作物种质资源普查与收集行动调查表》（附件7）。计划抢救性收集各类作物的古老地方品种、种植年代久远的育成品种、国家重点保护野生近缘植物以及其他珍稀、濒危野生植物种质资源200份（每个县区100份）。

（三）农作物种质资源鉴定评价与编目入库。对征集和收集到的种质资源上报省农科院进行扩繁和基本生物学特征特性鉴定、评价，经过整理、整合并结合农民认知进行编目，提交到国家作物种质库（圃）和山东省种质库（圃）保存。同时各县区征集的种质资源备份保存至市农科院种质资源库，为后期开展扩繁、鉴定、评价打基础。

（四）农作物种质资源普查与收集数据库建设。对普查与征集、系统调查与抢救性收集、鉴定评价与编目等数据、信息进行系统整理，按照统一标准和规范建立全市农作物种质资源普查数据库和编目数据库，编写全市农作物种质资源普查报告、系统调查报告、种质资源目录、重要农作物种质资源图集等技术报告。

二、实施范围、期限与进度

（一）实施范围

普查区、县：市中区、槐荫区、天桥区、章丘区、济阳区、历城区、长清区、莱芜区、钢城区、商河县、平阴县。

系统调查区、县：章丘区、平阴县。

（二）实施期限

2020年5月至2020年11月底。

（三）进度安排

各县区要根据新冠肺炎疫情实际情况，积极有序开展普查与收集工作。

1.部署与培训。2020年5月，制定并印发济南市农作物种质资源普查与收集行动实施方案，并通过多途径、多方式组织开展专题培训。

2.普查与征集阶段：2020年5月至2020年11月底，11个普查县、区组建由相关管理和专业技术人员组成的普查工作组，开展农作物种质资源普查与征集工作，将普查数据录入数据库，征集的种质资源送交省农科院临时保存，同时报市农科院种质资源库备份保存。每个县区征集各种地方品种、野生近缘植物30份以上。

3.调查与抢救性收集阶段：2020年5月至2020年11月底，平阴县、章丘区配合省农科院系统调查队伍，完成系统调查与抢救性收集工作。每个县区抢救性收集各类作物种质资源100份以上。

4.繁殖鉴定与提交保存阶段：2020年6月至2021年11月底，按照山东省方案要求，省农科院组织对征集和收集的各类农作物种质资源进行繁殖、鉴定、评价和整理编目，并提交国家作物种质库（圃）保存，市农科院种质资源库同时做好我市种质资源备份保存工作。

5.年度总结。2020年8月至2020年12月上旬，建成并完善济南市农作物种质资源普查数据库和编目数据库，编写农作物种质资源普查报告、系统调查报告、种质资源目录等技术报告，进行年度工作总结。

三、任务分工

（一）市农科院。负责配合省农科院到平阴县、章丘区开展农作物种质资源的系统调查和抢救性收集；负责备份保存我市征集和收集的各类作物种质资源。参与全市11个普查县、区的农作物种质资源的全面普查和征集、普查信息汇总、审核、建立数据库等工作。

（二）市农业技术推广站（市种子站）。负责全市普查与征集工作的组织协调、技术指导、工作督察及材料审核汇总，建立市级种质资源普查与调查数据库。

（三）县区农业农村局。承担本县、区农作物种质资源的全面普查和征集。制定具体工作方案，组织普查人员对辖区内的种质资源进行普查，做好原始记录，健全文字、照片、影像等普查档案，及时将数据录入数据库；每个县、区征集当地古老、珍稀、特有、名优作物地方品种和作物野生近缘植物种质资源30份以上，并按技术要求将征集的农作物种质资源及时送交省农科院研究种质资源中心，同时报送市农科院种质资源库。

四、重点工作

（一）组建普查与收集专业队伍。市农业农村局成立工作领导小组，局长曹军同志任组长，领导小组办公室设在市农业技术推广站（市种子站），徐波同志任办公室主任（领导小组详见附件1）。工作领导小组全面负责普查与收集行动的政策协调、方案制订、经费保障和检查督导。同时市农业农村局成立由粮食作物、经济作物、蔬菜、果树、食用菌、中药材、牧草等栽培作物专业技术人员组成的专家组（专家组详见附件2）。专家组负责技术指导、材料审核、项目评价。各普查县、区农业农村局担负属地责任，组建由相关专业管理和技术人员组成的相应普查工作组，明确分管领导和技术负责人，并于5月25日前以县区为单位统一报市农业技术推广站（市种子站）种子管理科。

（二）开展技术培训与指导。按照全省统一部署，做好市、县两级山东省农作物种质资源普查与征集培训组织工作，主要内容包括：解读《全国农作物种质资源保护与利用中长期发展规划（2015—2030年）》和《第三次全国农作物种质资源普查与收集行动实施方案》，种质资源文献资料查阅、资源分类、信息采集、数据填报、样本征集与收集、鉴定评价、资源保存等内容。针对普查与收集行动过程中出现的技术问题及时进行指导。各县区农业农村局组织指导普查相关单位和人员，先行从第三次全国农作物种质资源普查与收集行动官方网站（http://www.cgrchina.cn/）下载培训资料，自行开展培训，待具备相关条件后，根据需要按照市里通知要求参加省农业农村厅组织的现场培训。

（三）加强普查与收集工作督导、规范管理。各县区农业农村局、各相关责任单位，要按照本方案的要求，认真做好农作物种质资源的普查和收集工作，做到特有资源不缺项，重要资源不遗漏，信息采集详尽，数据填报真实，样本征集具有典型和代表性，按时按质按量完成普查和收集工作。同时加强对人员、财务、物资、资源、信息等进行规范管理，对建立的数据库和专项成果等按照国家法律法规及相关规定实现共享，加强工作督查。

（四）加强宣传引导，提升保护意识。积极组织报刊、电台、电视台等媒体跟踪报道，扩大宣传本次种质资源普查与收集行动的重要意义和主要成果，提升全社会参与保护农作物种质资源多样性的意识和行动，确保此次普查与收集行动取得实效，切实推动农作物种质资源保护与利用可持续发展。

附件：

1.济南市农作物种质资源普查与收集行动领导小组成员名单

2. 济南市农作物种质资源普查与收集行动专家组名单

3. 第三次全国农作物种质资源普查与收集行动普查表

4. 第三次全国农作物种质资源普查与收集行动征集表

5. 山东省食用菌、中药材种质资源普查与收集行动普查表

6. 山东省食用菌、中药材种质资源普查与收集行动征集表

7. 第三次全国农作物种质资源普查与收集行动调查表

8. 济南市农作物种质资源普查与收集行动各县区分管领导和技术负责人

附件1

济南市农作物种质资源普查与收集行动领导小组成员名单

组　　长：曹　军　市农业农村局局长

副组长：王奉光　市农业农村局副局长

　　　　郑兆亮　市园林和林业绿化局副局长

　　　　王文军　市农业科学研究院院长

成　　员：陈黎明　种植业管理处处长

　　　　范艳华　财务审计处处长

　　　　王瑞库　科技教育处处长

　　　　李　明　菜篮子工程管理处处长

　　　　王会波　畜牧业管理处处长

　　　　徐　波　市农业技术推广站（市种子站）站长

　　　　傅晓聪　市林果技术推广站站长

　　　　郭洪军　市土肥站（市环保站）站长

　　　　张甲生　市农业科学研究院副院长

　　　　邹永洲　市蔬菜技术推广服务中心主任

办公室主任：徐　波

办公室副主任：傅晓聪　张甲生　于金友

附件2

济南市农作物种质资源普查与收集行动专家组名单

姓名	工作单位	职称	备注
徐　波	济南市农业技术推广站	高级农艺师	组长
张甲生	济南市农业科学研究院	高级农艺师	副组长
于金友	济南市农业技术推广站	高级农艺师	副组长
王学成	济南市农业技术推广站	推广研究员	成员
亓翠玲	济南市农业技术推广站	推广研究员	成员
高　燕	济南市农业技术推广站	推广研究员	成员
王兆品	济南市林果技术推广站	高级工程师	成员
赵桂省	济南市畜牧技术推广站	高级兽医师	成员
王芙蓉	济南市土肥站（环保站）	推广研究员	成员
卢书敬	济南市农业技术推广站	高级农艺师	成员
邹永洲	济南市蔬菜技术推广服务中心	高级农艺师	成员
崔全友	济南市农业技术推广站	高级农艺师	成员
王光胜	济南市农业技术推广站	高级农艺师	成员

附件3

第三次全国农作物种质资源普查与收集行动普查表
（1956年、1981年、2014年）

填表人：_____ 日期：_____年____月____日 联系电话：_____

一、基本情况

（一）县*名：_____

（二）历史沿革（名称、地域、区划变化）：_____

（三）行政区划：县辖_____个乡（镇）_____个村，县城所在地_____

（四）地理系统：

县海拔范围_____ ~ _____米，经度范围_____°~ _____°。

纬度范围_____°~ _____°，年均气温_____℃，年均降水量_____毫米

（五）人口及民族状况：

总人口数_____万人，其中农业人口_____万人

少数民族数量：_____个，其中人口总数排名前10的民族信息：

民族_____人口_____万人，民族_____人口_____万人

民族_____人口_____万人，民族_____人口_____万人

民族_____人口_____万人，民族_____人口_____万人

民族_____人口_____万人，民族_____人口_____万人

民族_____人口_____万人，民族_____人口_____万人

（六）土地状况：

县总面积_____平方千米，耕地面积_____万亩

草场面积_____万亩，林地面积_____万亩

湿地（含滩涂）面积_____万亩，水域面积_____万亩

（七）经济状况：

生产总值_____万元，工业总产值_____万元

农业总产值_____万元，粮食总产值_____万元

经济作物总产值_____万元，畜牧业总产值_____万元

水产总产值_____万元，人均收入_____元

（八）受教育情况：

高等教育____%，中等教育____%，初等教育____%，未受教育____%

（九）特有资源及利用情况：_____

_____

（十）当前农业生产存在的主要问题：_____

（十一）总体生态环境自我评价：□优 □良 □中 □差

（十二）总体生活状况（质量）自我评价：□优 □良 □中 □差

（十三）其他：_____

---

* 此处县为县（市、区），下同。

二、全县（市、区）种植的粮食作物情况

作物种类	种植面积（亩）	种植品种数目												具有保健、药用、工艺品、宗教等特殊用途品种		
		地方品种				培育品种					名称	用途	单产（千克/亩）
		数目	代表性品种			数目	代表性品种					
			名称	面积（亩）	单产（千克/亩）		名称	面积（亩）	单产（千克/亩）			

注：表格不足请自行补足

三、全县（市、区）种植的油料、蔬菜、果树、茶、桑、棉麻等主要经济作物情况

作物种类	种植面积（亩）	种植品种数目									具有保健、药用、工艺品、宗教等特殊用途品种		
		地方或野生品种				培育品种					名称	用途	单产（千克/亩）
		数目	代表性品种			数目	代表性品种						
			名称	面积（亩）	单产（千克/亩）		名称	面积（亩）	单产（千克/亩）				

注：表格不足请自行补足

附件4

第三次全国农作物种质资源普查与收集行动征集表

样品编号			日期	年　月　日	
普查单位			填表人及电话		
地点	省　　　　市　　　　乡（镇）　　　　村				
经度		纬度		海拔	
作物名称			种质名称		
科名			属名		
种名			学名		
种质类型	□地方品种　□选育品种　□野生资源　□其他				
种质来源	□当地　□外地　□外国				
生长习性	□一年生　□多年生　□越年生		繁殖习性	□有性　□无性	
播种期	（　）月　□上旬　□中旬　□下旬		收获期	（　）月□上旬　□中旬　□下旬	
主要特性	□高产　□优质　□抗病　□抗虫　□耐盐碱　□抗旱 □广适　□耐寒　□耐热　□耐涝　□耐贫瘠　□其他				
其他特性					
种质用途	□食用　□饲用　□保健药用　□加工原料　□其他				
利用部位	□种子（果实）　□根　□茎　□叶　□花　□其他				
种质分布	□广　□窄　□少		种质群落（野生）	□群生　□散生	
生态类型	□农田　□森林　□草地　□荒漠　□湖泊　□湿地　□海湾				
气候带	□热带　□亚热带　□暖温带　□温带　□寒温带　□寒带				
地形	□平原　□山地　□丘陵　□盆地　□高原				
土壤类型	□盐碱土　□红壤　□黄壤　□棕壤　□褐土　□黑土　□黑钙土 □栗钙土　□漠土　□沼泽土　□高山土　□其他				
采集方式	□农户搜集　□田间采集　□野外采集　□市场购买　□其他				
采集部位	□种子　□植株　□种茎　□块根　□果实　□其他				
样品数量	（　）粒（　）克（　）个/条/株				
样品照片					
是否采集标本	□是　□否				
提供人	姓名：　　性别：　　民族：　　年龄：　　联系电话：				
备注					

填写说明

本表为征集资源时所填写的资源基本信息表，一份资源填写一张表格。

1. 样品编号：征集的资源编号。由P+县代码+3位顺序号组成，共10位，顺序号由001开始递增，如"P430124008"。

2. 日期：分别填写阿拉伯数字，如2011、10、1。

3. 普查单位：组织实地普查与征集单位的全称。

4. 填表人及电话：填表人全名和联系电话。

5. 地点：分别填写完整的省、市、县、乡（镇）和村的名字。

6. 经度、纬度：直接从GPS上读数，请用"度"格式，即ddd.dddddd（只需填写数字，不用填写"度"字或是"°"符号），不要用dd度mm分ss秒格式和dd度mm.mmmm分格式。一定要在GPS显示已定位后再读数！

7. 海拔：直接从GPS上读数。

8. 作物名称：该作物种类的中文名称，如水稻、小麦等。

9. 种质名称：该份种质的中文名称。

10. 科名、属名、种名、学名：填写拉丁名和中文名。

11. 种质类型：单选，根据实际情况选择。

12. 生长习性：单选，根据实际情况选择。

13. 繁殖习性：单选，根据实际情况选择。

14. 播种期、收获期：括号内填写月份的阿拉伯数字，再选择上、中、下旬。

15. 主要特性：可多选，根据实际情况选择。

16. 其他特性：该资源的其他重要特性。

17. 种质用途：可多选，根据实际情况选择。

18. 种质分布、种质群落：单选，根据实际情况选择。

19. 生态类型：单选，根据实际情况选择。

20. 气候带：单选，根据实际情况选择。

21. 地形：单选，根据实际情况选择。

22. 土壤类型：单选，根据实际情况选择。

23. 采集方式：单选，根据实际情况选择。

24. 采集部位：可多选，根据实际情况选择。

25. 样品数量：按实际情况选择粒、克或个/条/份，填写阿拉伯数字。

26. 样品照片：样品的全写、典型特征和样品生境照片的文件名，采用"样品编号"-1、"样品编号"-2……的方式对照片文件进行命名，如"P430124008-1.jpg"。

27. 是否采集标本：单选，根据实际情况选择。

28. 提供人：样品提供人（如农户等）的个人信息。

29. 备注：如表格填写项不足以描述该资源的情况，或普查人员觉得必须要加以记载的其他信息，请在此作详细描述。

附件5

山东省食用菌、中药材种质资源普查与收集行动普查表

（1956年、1981年、2014年）

填表人：_____ 日期：_____年____月____日___ 联系电话：_____

一、基本情况

（一）县名：_____

（二）历史沿革（名称、地域、区划变化）：_____

（三）行政区划：县辖_____个乡（镇）_____个村，县城所在地_____

（四）地理系统：

县海拔范围_____~_____米，经度范围_____°~_____°

纬度范围_____°~_____°，年均气温_____℃，年均降水量_____毫米

（五）人口及民族状况：

总人口数_____万人，其中农业人口_____万人

少数民族数量：_____个，其中人口总数排名前10的民族信息：

民族_____人口_____万人，民族_____人口_____万人

民族_____人口_____万人，民族_____人口_____万人

民族_____人口_____万人，民族_____人口_____万人

民族_____人口_____万人，民族_____人口_____万人

民族_____人口_____万人，民族_____人口_____万人

（六）土地状况：

县总面积_____平方千米，耕地面积_____万亩

草场面积_____万亩，林地面积_____万亩

湿地（含滩涂）面积_____万亩，水域面积_____万亩

（七）经济状况：

生产总值_____万元，工业总产值_____万元

农业总产值_____万元，粮食总产值_____万元

经济作物总产值_____万元，畜牧业总产值_____万元

水产总产值_____万元，人均收入_____元

（八）受教育情况：

高等教育____%，中等教育____%，初等教育____%，未受教育____%

（九）特有资源及利用情况：_____

（十）当前农业生产存在的主要问题：_____

（十一）总体生态环境自我评价：□优　□良　□中　□差

（十二）总体生活状况（质量）自我评价：□优　□良　□中　□差

（十三）其他：_____

二、全县（市、区）种植的食用菌主要情况

食用菌种类	栽培规模（袋、棒、瓶、平方米）	栽培品种数目										具有保健、药用、工艺品、宗教等特殊用途品种			
		地方或野生品种					培育品种					名称	用途	单产[千克（袋、棒、瓶、平方米）]	生物学效率（%）
		数目	代表性品种				数目	代表性品种							
			名称	规模（袋、棒、瓶、平方米）	单产[千克/（袋、棒、瓶、平方米）]	生物学效率（%）		名称	规模（袋、棒、瓶、平方米）	单产[千克/（袋、棒、瓶、平方米）]	生物学效率（%）				

注：表格不足请自行补足

三、全县（市、区）种植的中药材主要情况

中药材种类	种植面积（亩）	种植品种数目									具有工艺品、宗教等特殊用途品种		
		数目	地方或野生品种				培育品种				名称	用途	单产（千克/亩）
			数目	代表性品种			数目	代表性品种					
				名称	面积（亩）	单产（千克/亩）		名称	面积（亩）	单产（千克/亩）			

注：表格不足请自行补足

附件6

山东省食用菌、中药材种质资源普查与收集行动征集表

样品编号		日期		年　月　日	
普查单位		填表人及电话			
地点	省　　市　　乡（镇）　　村				
经度		纬度		海拔	
作物名称		种质名称			
科名		属名			
种名		学名			
种质类型	□地方品种　□选育品种　□野生资源　□其他				
种质来源	□当地　□外地　□外国				
生长习性	□一年生　□多年生　□越年生		繁殖习性	□有性　□无性	
播种期	（　）月□上旬　□中旬　□下旬		收获期	（　）月□上旬　□中旬　□下旬	
主要特性	□高产　□优质　□抗病　□抗虫　□耐盐碱　□抗旱 □广适　□耐寒　□耐热　□耐涝　□耐贫瘠　□其他				
其他特性					
种质用途	□食用　□饲用　□保健药用　□加工原料　□其他				
利用部位	□种子（果实）　□根　□茎　□叶　□花　□其他				
种质分布	□广　□窄　□少		种质群落 （野生）	□群生　□散生	
生态类型	□农田　□森林　□草地　□荒漠　□湖泊　□湿地　□海湾				
气候带	□热带　□亚热带　□暖温带　□温带　□寒温带　□寒带				
地形	□平原　□山地　□丘陵　□盆地　□高原				
土壤类型	□盐碱土　□红壤　□黄壤　□棕壤　□褐土　□黑土　□黑钙土 □栗钙土　□漠土　□沼泽土　□高山土　□其他				
采集方式	□农户搜集　□田间采集　□野外采集　□市场购买　□其他				
采集部位	□种子　□植株　□种茎　□块根　□果实　□其他				
样品数量	（　）粒（　）克（　）个/条/株				
样品照片					
是否采集标本	□是　　　　　　　　　　□否				
提供人	姓名：　　性别：　　民族：　　年龄：　　联系电话：				
备注					

填写说明

本表为征集资源时所填写的资源基本信息表，一份资源填写一张表格。

1. 样品编号：征集的资源编号。由P+县代码+3位顺序号组成，共10位，顺序号由001开始递增，如"P430124008"。

2. 日期：分别填写阿拉伯数字，如2011、10、1。

3. 普查单位：组织实地普查与征集单位的全称。

4. 填表人及电话：填表人全名和联系电话。

5. 地点：分别填写完整的省、市、县、乡（镇）和村的名字。

6. 经度、纬度：直接从GPS上读数，请用"度"格式，即ddd.dddddd（只需填写数字，不用填写"度"字或是"°"符号），不要用dd度mm分ss秒格式和dd度mm.mmmm分格式。一定要在GPS显示已定位后再读数！

7. 海拔：直接从GPS上读数。

8. 作物名称：该作物种类的中文名称，如水稻、小麦等。

9. 种质名称：该份种质的中文名称。

10. 科名、属名、种名、学名：填写拉丁名和中文名。

11. 种质类型：单选，根据实际情况选择。

12. 生长习性：单选，根据实际情况选择。

13. 繁殖习性：单选，根据实际情况选择。

14. 播种期、收获期：括号内填写月份的阿拉伯数字，再选择上、中、下旬。

15. 主要特性：可多选，根据实际情况选择。

16. 其他特性：该资源的其他重要特性。

17. 种质用途：可多选，根据实际情况选择。

18. 种质分布、种质群落：单选，根据实际情况选择。

19. 生态类型：单选，根据实际情况选择。

20. 气候带：单选，根据实际情况选择。

21. 地形：单选，根据实际情况选择。

22. 土壤类型：单选，根据实际情况选择。

23. 采集方式：单选，根据实际情况选择。

24. 采集部位：可多选，根据实际情况选择。

25. 样品数量：按实际情况选择粒、克或个/条/份，填写阿拉伯数字。

26. 样品照片：样品的全写、典型特征和样品生境照片的文件名，采用"样品编号"-1、"样品编号"-2……的方式对照片文件进行命名，如"P430124008-1.jpg"。

27. 是否采集标本：单选，根据实际情况选择。

28. 提供人：样品提供人（如农户等）的个人信息。

29. 备注：如表格填写项不足以描述该资源的情况，或普查人员觉得必须要加以记载的其他信息，请在此作详细描述。

附件7

第三次全国农作物种质资源普查与收集调查表
——粮食、油料、蔬菜及其他一年生作物

□未收集的一般性资源　　□特有和特异资源

1. 样品编号：＿＿＿＿＿＿＿，日期：＿＿＿＿年＿＿月＿＿日
   采集地点：＿＿＿＿＿＿＿，样品类型：＿＿＿＿＿＿＿，
   采集者及联系方式：＿＿＿＿＿＿＿＿＿＿＿＿＿

2. 生物学：物种拉丁名：＿＿＿＿＿＿，作物名称：＿＿＿＿＿，品种名
称：＿＿＿＿＿，俗名：＿＿＿＿，生长发育及繁殖习性：＿＿＿＿＿＿，其他：＿＿＿＿
＿＿＿＿＿＿

3. 品种类别：□野生资源，□地方品种，□育成品种，□引进品种

4. 品种来源：□前人留下，□换　　种，□市场购买，□其他途径：＿＿＿＿＿

5. 该品种已种植了大约＿＿＿＿年，在当地大约有＿＿＿＿农户种植该品种，
   该品种在当地的种植面积大约有＿＿＿＿亩

6. 该品种的生长环境：GPS定位的海拔：＿＿＿米，经度：＿＿＿°，纬度：＿＿＿°；
   土壤类型：＿＿＿＿；分布区域：＿＿＿＿＿＿＿＿＿＿＿＿＿；
   伴生、套种或周围种植的作物种类：＿＿＿＿＿＿＿＿＿＿＿

7. 种植该品种的原因：□自家食用，□市场出售，□饲料用，□药用，□观赏，
   □其他用途：＿＿＿＿＿＿＿

8. 该品种若具有高效（低投入，高产出）、保健、药用、工艺品、宗教等特殊
用途：
   具体表现：＿＿＿＿＿＿＿＿＿＿＿＿＿
   具体利用方式与途径：＿＿＿＿＿＿＿＿＿＿

9. 该品种突出的特点（具体化）：
   优质：＿＿＿＿＿＿＿＿＿＿＿＿＿＿＿＿
   抗病：＿＿＿＿＿＿＿＿＿＿＿＿＿＿＿＿
   抗虫：＿＿＿＿＿＿＿＿＿＿＿＿＿＿＿＿
   抗寒：＿＿＿＿＿＿＿＿＿＿＿＿＿＿＿＿
   抗旱：＿＿＿＿＿＿＿＿＿＿＿＿＿＿＿＿
   耐贫瘠：＿＿＿＿＿＿＿＿＿＿＿＿＿＿
   产量：平均单产＿＿＿＿＿千克/亩，最高单产＿＿＿＿＿千克/亩
   其他：＿＿＿＿＿＿＿＿＿＿＿＿＿＿＿＿

10. 利用该品种的部位：□ 种子，□ 茎，□ 叶，□ 根，□ 其他：_____

11. 该品种株高_____厘米，穗长_____厘米，籽粒：□ 大，□ 中，□ 小；品质：□ 优，□ 中，□ 差

12. 该品种大概的播种期：_____，收获期：_____

13. 该品种栽种的前茬作物：_____，后茬作物：_____

14. 该品种栽培管理要求（病虫害防治、施肥、灌溉等）：_____

_____

15. 留种方法及种子保存方式：_____

16. 样品提供者：姓名：_____，性别：____，民族：_____，年龄：_____，
　　文化程度：_____，家庭人口：____人，联系方式：_____

17. 照相：样品照片编号：_____

注：照片编号与样品编号一致，若有多张照片，用"样品编号"加"-"加序号，样品提供者、生境、伴生物种、土壤等照片的编号与样品编号一致。

18. 标本：标本编号：_____

注：在无特殊情况下，每份野生资源样品都必须制作1～2个相应材料的典型、完整的标本，标本编号与样品编号一致，若有多个标本，用"样品编号"加"-"加序号。

19. 取样：在无特殊情况下，地方品种、野生种每个样品（品种）都必须从田间不同区域生长的至少50个单株上各取1个果穗，分装保存，确保该品种的遗传多样性，并作为今后繁殖、入库和研究之用；栽培品种选取15个典型植株各取1个果穗混合保存。

20. 其他需要记载的重要情况：_____

附件8

济南市农作物种质资源普查与收集行动各县、区分管领导及技术负责人

县、区：_____

	姓名	工作单位	职务	联系电话
分管领导				
技术负责人				

附录二

济南市农作物种质资源普查行动分析与探讨

农作物种质资源是保障国家粮食安全、生物产业发展的关键性战略资源。丰富农作物种质资源多样性，不仅能够防止具有重要潜在利用价值种质资源的灭绝，而且能够为未来国家生物产业的发展提供源源不断的基因资源，提升国际竞争力。中央印发的种业振兴行动方案将农业种质资源保护列为首要行动，把种质资源普查作为种业振兴"一年开好头、三年打基础"的首要任务。由此可见，农作物种质资源普查与收集是种质资源保护与利用至关重要的一环，决定了保护与利用工作的成败。

1 行动简介

我国曾分别于20世纪50年代和80年代开展了两次全国农作物种质资源普查，30多年过去了，社会、经济、环境、种植业结构发生了重大变化，这些变化影响到了种质资源的数量、质量和演变趋势。

2015年，农业农村部启动了"第三次全国农作物种质资源普查与收集行动"（以下简称"行动"），目的是查清我国农作物种质资源本底，并开展种质资源抢救性收集。本次行动分为普查和系统调查两部分，普查工作主要包括两方面内容，一是1956年、1981年、2014年三个时间节点表格的填写，每套表格包括县基本信息表、粮食作物种植情况表和经济作物种植情况表。二是资源征集，资源要符合"名特优稀"的要求，一份样品填写一份征集表。

山东省是最后一批启动该行动的省份之一，济南市位于山东省的中部，地理位置介于36°02′~37°54′N，116°21′~117°93′E，南依泰山，北跨黄河，地处鲁中南低山丘陵与鲁西北冲积平原的交接带上，地势南高北低。济南市属于暖温带大陆性季风气候区，四季分明，年平均降水量548.7毫米，自然资源丰富。2020年5月，济南市开始对全市11个县区（市中区、槐荫区、天桥区、章丘区、济阳区、历城区、长清区、莱芜区、钢城区、商河县、平阴县）开展各类作物种质资源的全面普查，在普查的基础上，平阴县、章丘区配合山东省农业科学院进行各类作物种质资源的系统调查。在完成国家普查任务的同时，对食用菌、中药材种质资源进行全面普查与收集，做到应收尽收。

2 行动具体措施

2.1 组建专业队伍，制定普查文件。济南市各县区农业农村局担负属地普查责任，组建由相关专业管理和技术人员组成的普查工作组。在市级层面上，制定了《济南市农作物种质资源普查与收集行动实施方案》《济南市种质资源普查收集工作规范》《种质资源普查收集资金报销协议》，为种质资源普查与收集行动奠定了良好的基础。

2.2 开展技术指导，加强工作督导。2020年上半年因疫情影响，普查工作主要以资料学习为主。具备相关条件后，组织各县区工作人员参加农业农村部线上培训和现场培训。针对普查与收集行动过程中出现的技术问题及时进行指导。市中区、天桥区、槐荫区为济南市的建城区，农业占比较小，技术力量较弱，针对这种情况，市级专门成立协调小组，从普查表填报到种质资源信息采集、实物资源寄送，全方位协助，在市县两级普查人员的全力配合下，普查工作顺利开展。此外，市专家组定期对各县区的工作进度进行巡查督导，确保各区县的普查与收集行动按计划推进。

2.3 部门联动收集信息、上山下乡调查资源。各区县普查员仔细查阅县志、区划志、统计年鉴等相关记录，综合分析地形图、行政区划图、农业区划图等资料，确保应填尽填。遇到某些农业系统不掌握的数据，普查人员积极联系统计局、自然资源局等部门，通过部门联动的方式完成普查表的填写。因年代久远和历次行政区划的变动，有些档案资料无法查阅，普查员通过走访老干部、老员工的方式了解历史信息，做到填报数据有理有据。为了提高工作效率，普查员们首先确认辖区内若干个农业资源丰富的乡镇，然后和这些乡镇的老技术员、老农户举行座谈会，了解村子里种质资源总体情况，记录资源线索。针对有价值的线索，普查员及时实地调查，进村入户，向相关人员了解资源信息。通过上述方式，普查员们工作量减少了，但资源征集效率大幅度提高。

2.4 广泛发动群众，争取全员支持。种质资源普查是功在当代、利在千秋的工作。为让更多的群众了解本次行动的重要意义，各区县通过多种方式加大宣传力度，例如组织乡镇干部在村公告栏张贴宣传资料，到集市上发放资料，利用电视台播放宣传滚动字幕。由于宣传到位，有不少热爱农业的群众主动送来自己收藏的资源，或者提供资源线索。同时，区县对提供有效资源或线索的个人提供现金奖励。一些所辖乡镇较多的区县组建了乡镇普查员队伍，每个乡镇约2名临时普查员，区县按规定给予这些普查员劳务补贴。

3 行动成果

3.1 普查表填报及资源征集总体情况。截至2022年初，济南市已审核上报全部任务区县的33套普查表，包括1956年、1981年、2014年3个年份；提交359份种质资源实物，其中包括176份果树、93份粮食作物、66份蔬菜、24份经济作物。

3.2 本次行动优异种质资源介绍。在这次行动中，征集到了章丘鲍芹、镜面柿子、红荷包杏、李桂芬梨、古板栗、白花丹参等一大批优异种质资源。这些资源有的已形成较大的种植规模，有的虽然面积小、产量低，但具有重要的文化意义，发展潜力巨大。

章丘鲍芹有几百年的种植历史，章丘当地种植芹菜的特别多，而只有鲍家村的芹菜芹香浓郁，青翠碧绿，入口微甜，是其他芹菜所无法相比的，后来又被消费者亲切地称为鲍芹。据统计，2021年章丘鲍芹的种植面积超过5 000亩。

镜面柿子位于济阳区垛石街道，50年来，柿子种植由零星分散，逐渐集中，逐步形成了现在面积1 000亩的金镜柿园。镜面柿子深受消费者尤其是中老年人的喜爱，被誉为"金镜蜜柿"，为中国六大名柿之一。

红荷包杏产于济南市南郊山区，原是一株实生变异，从发生到现在有近200年的历史。新中国成立前市中区大涧西村年产量达25吨，据统计，大涧西村现存红荷包杏种植面积超500亩。

李桂芬梨种植在商河县李桂芬村村庄后面，村里流传着因梨树死而复生而被康熙皇帝敕封"李桂芬"梨的感人故事。现在，围绕李桂芬梨注册了多家家庭农场，开展采摘、观光旅游、农家乐等活动，推动了乡村产业振兴。

唐朝古板栗位于莱芜区境内，目前，板栗园分布着8 000余株古板栗树，树龄最长的一棵板栗树大约1 200年，老树的栗子炒熟后黄澄澄，干面香甜，香飘十里。老板栗树形态各异，千姿百态，观赏价值极高。

白花丹参为丹参族中的极品，为莱芜区道地药材之一，白花丹参为稀有名贵中药材，具有非常高的药用价值，医家一直将其视为珍品。目前，白花丹参已加工成白花丹参茶、白花丹参酒、白花丹参饮品等十几个产品。

3.3　已消失或濒临灭绝的种质资源。20世纪50年代及80年代分别进行过农作物种质资源普查，济南市共收录521份种质资源，涉及小麦、玉米、水稻、大豆、各类蔬菜等39种作物。分析本次普查结果可知，超过95%的地方品种退出种植历史。

以小麦为例，1956年，济南市小麦种植面积约为376万亩，地方品种数目有17种，其中小白麦25万亩、红秃头20万亩、蚰子麦13.2万亩、白秃头12万亩，地方品种种植总面积为222万亩，占全部小麦种植面积的60%。1981年，济南市小麦种植面积约为302万亩，地方品种数目只有3种，地方品种种植总面积114万亩，占全部小麦种植面积的37%。2014年济南市小麦种植面积324万亩，没有种植地方品种。

玉米种植同样面临上述状况，1956年玉米种植面积约为182万亩，地方品种数目16种，地方品种总面积为143万亩，占全部玉米种植面积的79%。1981年济南市玉米种植面积约为222万亩，地方品种数目只有4种，种植总面积113万亩，占全部玉米种植面积的51%。2014年济南市玉米种植面积约为361万亩，没有种植地方品种。

不仅仅是小麦、玉米等粮食作物，像大豆、棉花等经济作物的地方品种近几年也几乎无人问津。大豆地方品种种植面积占比由1956年的92%下降至1981年的36%，直至2014年的0。棉花地方品种种植面积占比由1956年的67%下降至1981年的4%，2014年无地方品种种植。

以上数据充分说明，如不尽快加强各类农作物地方品种种质资源保护，这些宝贵的资源会在短时间内消失。

4　行动中遇到的问题

4.1　城市化进程加快，种质资源消失风险加剧。原来的村庄建成了车站、机场，原来的农田建成了商品房、工厂，这些变化在近20年尤其明显。同时，农业生产追求高产优质，过度依赖单一品种和栽培技术，客观上导致品种多样性减少，基因资源快速消失。在普查过程中，许多乡镇农技人员反映二十世纪八九十年代普遍种植的老品种现在大多数都消失了，虽然这些老品种品质好，但因不适于大面积种植或产量较低逐渐被市场淘汰。

4.2 多方面问题交织，普查工作推进困难重重。区县拆分合并情况多，档案资料查找困难；单位机构改革尚未完成，普查人员频繁更换；普查员对专业知识理解不到位，提交的资源不符合要求，工作推进缓慢。种质资源普查与收集工作的专业性较强，收集的资源涉及几十种作物，需要普查员队伍具有一定的稳定性，并熟悉植物分类学、作物学等知识，但现实情况是部分普查员的专业知识不能满足工作需要。因上述多种原因交织，普查表填报和资源征集进度一直较慢。

4.3 各区县资源禀赋不同，提交的种质资源份数不均衡。截至目前，大多数区县提交的资源实物份数已达到国家要求，数量多的达40份，但还有少数区县未完成目标。种质资源分布具有不均衡的特点，以槐荫区、天桥区为例，这两个区面积小、农业占比小，城市化进程快，可收集种质资源的区域较少，现存有价值的种质资源就更少了。此外，还存在不同区县之间提交资源重复的情况，特别是果树类资源。

5 加强种质资源保护与利用的思考与建议

5.1 健全体制、建立队伍。种质资源保护工作具有专业性、基础性、长期性的特点，健全种质资源保护与利用工作机制，从上到下理顺工作方法，将上级文件政策落到实处，切实做好保护与利用工作。种质资源保护工作要求工作人员既要有丰富的专业知识，又要具备认真负责的工作态度。建立稳固、专业的基层种质资源保护队伍对于种质资源的利用起着基础性的作用。

5.2 鼓励具有实力的企业建设种质资源库圃。种质资源库圃是我国农业种质资源长期战略保存的重要设施，是"国之重器"。长期以来，承担种质资源保护任务的主要是各级科研院所和高校，但随着种企对种质资源重要性认识的不断提高，部分种企开始建立自己的种质资源库圃，收集、保存优异种质资源，为培育具有自主知识产权的新品种奠定了良好的基础。要实行积极的种业发展政策，从基础设施建设、科研立项等方面加大对有实力企业的扶持。

5.3 建设种质资源保护区、保护地、保护单位。现在的农作物种质资源保护方式大都是异地种子库或种植圃保存，种质资源离开原有生态环境，有可能影响种质资源的性状表达，因此，在种质资源丰富的区域建立保护区、保护地，禁止破坏或私自采集，不失为种质资源保护的可选之策。保护区、保护地可以在市或区县范围内，被保护的作物种类应不限于某几类，而应该具有多样化的特点。

本文作者：李婷婷、央珍（2022年发表于《中国种业》第6期）

附录三

济南市农作物种质资源普查名录

济南市第一、第二次全国农作物种质资源普查收录资源名录

作物名称	统一编号	品种名称	原产地	省
小豆	B0001086	红小豆	济南市	山东
小豆	B0001090	红小豆	济阳县	山东
小豆	B0001196	小豆	济南市	山东
小豆	B0001198	白小豆	章丘县	山东
小豆	B0001222	白小豆	平阴县	山东
小豆	B0001223	屙郎担子	平阴县	山东
苹果	PGB0389	秀水	章丘	山东
杏	XC0095	红玉杏	历城	山东
大麦	ZDM00227	历城县春大麦	历城	山东
大麦	ZDM00274	历城大麦	历城	山东
大麦	ZDM05316	莱芜紫米大麦	莱芜	山东
玉米	00150343	莱芜细草棒子	莱芜县	山东
玉米	00150344	二发糟	莱芜县	山东
玉米	00150345	鸭子嘴	莱芜县	山东
玉米	00150346	红骨子	莱芜县	山东
玉米	00150368	鸭子嘴	平阴县	山东
玉米	00150369	红火棒子	平阴县	山东
玉米	00150370	白头翁	平阴县	山东
玉米	00150371	白头翁	平阴县	山东
玉米	00150418	白玉米	商河县	山东
玉米	00150419	白马牙	商河县	山东
玉米	00150420	白玉米	济阳县	山东

---

* 本表格中原产地名称为当时统计表中的名称。原产地地域范围以当时行政区划为准。

（续表）

作物名称	统一编号	品种名称	原产地	省
玉米	00150442	洋棒子	历城县	山东
玉米	00150443	红脐	历城县	山东
玉米	00150444	历城玉米	历城县	山东
玉米	00150446	大江黄	章丘县	山东
玉米	00150447	白玉米	章丘县	山东
玉米	00150448	龙山白马牙	章丘县	山东
玉米	00150486	白马牙	济南市	山东
玉米	00150487	无舌	济南市	山东
玉米	00150488	粘玉米	济南市	山东
玉米	00150489	粘玉米	济南市	山东
玉米	00150490	甜玉米	济南市	山东
玉米	00150491	黄甜玉米	济南市	山东
玉米	00150492	黄粒玉米	济南市	山东
玉米	0L150018	黄野	济南市	山东
玉米	0L150019	黄南	济南市	山东
玉米	0L150020	黄119	济南市	山东
玉米	0L150021	金54	济南市	山东
玉米	0L150022	黄金63	济南市	山东
玉米	0L150023	齐404	济南市	山东
玉米	0L150024	齐403	济南市	山东
玉米	0L150025	莱大9	济南市	山东
玉米	0L150026	齐35	济南市	山东
玉米	0L150066	Q321	济南市	山东
玉米	0L150067	齐302	济南市	山东
玉米	0L150068	齐305	济南市	山东
玉米	0L150069	齐310	济南市	山东
玉米	0L150070	齐318	济南市	山东
玉米	0L150071	齐402	济南市	山东
玉米	0L150072	齐201	济南市	山东
玉米	0L150073	齐205	济南市	山东
玉米	0L150074	齐401	济南市	山东
玉米	0L150075	齐5-311	济南市	山东
玉米	0L150076	维矮141	济南市	山东

（续表）

作物名称	统一编号	品种名称	原产地	省
玉米	0L150077	埃源311	济南市	山东
玉米	0L150078	掖马121	济南市	山东
玉米	0L150079	5B213	济南市	山东
玉米	0L150080	白唐111	济南市	山东
玉米	0L150081	黄038	济南市	山东
玉米	0L150082	5M121	济南市	山东
玉米	0L150083	6071	济南市	山东
玉米	0L150084	7137-1	济南市	山东
玉米	0L150085	7137-5	济南市	山东
玉米	0L150086	齐405	济南市	山东
玉米	0L150087	齐406	济南市	山东
玉米	0L150088	齐407	济南市	山东
玉米	0L150089	齐408	济南市	山东
玉米	0L150090	齐409	济南市	山东
玉米	0L150091	齐410	济南市	山东
玉米	0L150092	（黄5）32121330	济南市	山东
玉米	0L150093	Q322	济南市	山东
玉米	0L150094	原齐123	济南市	山东
玉米	0L150095	原齐722	济南市	山东
玉米	0L150096	金黄55	济南市	山东
玉米	0L150097	自凤54	济南市	山东
玉米	0L150098	鲁原133	济南市	山东
玉米	0L150099	鲁原824	济南市	山东
玉米	0L150100	鲁原92	济南市	山东
玉米	0L150101	鲁原11-247	济南市	山东
玉米	0L150102	200-14-24322	济南市	山东
玉米	0L150103	200-15-11212	济南市	山东
玉米	0L150104	200-4-35135	济南市	山东
玉米	0L150105	200-24-13413	济南市	山东
玉米	0L150106	26-441-521111	济南市	山东
玉米	0L150107	（黄5）32121110	济南市	山东
棉花	ZM-30003	历山大桃	历城	山东
豇豆	I0002262	白豇豆	平阴县	山东

（续表）

作物名称	统一编号	品种名称	原产地	省
豇豆	I0002422	窝狼蛋	济阳	山东
豇豆	I0002423	花豇豆	济阳	山东
绿肥	00000953	春箭豌	济南市	山东
野生大豆	ZYD03273		历城	山东
野生大豆	ZYD03274		历城	山东
野生大豆	ZYD03280		莱芜	山东
野生大豆	ZYD05914		商河	山东
山楂	SZP106	山东大货	历城	山东
水稻地方种	14-00005	竹杆青	历城县	山东
水稻地方种	14-00006	大青秸	历城县	山东
水稻地方种	14-00007	小薄皮	历城县	山东
水稻地方种	14-00008	红江米	历城县	山东
水稻地方种	14-00009	青须稻	历城县	山东
水稻地方种	14-00010	小红芒	历城县	山东
水稻地方种	14-00066	北圆1号	济南市	山东
水稻地方种	14-00067	一把齐	历城县	山东
水稻地方种	14-00068	清水稻	历城县	山东
水稻地方种	14-00069	青粟水稻	章丘县	山东
水稻地方种	14-00070	明水香稻	章丘县	山东
谷子	00011021	齐穗粘谷	济阳	山东
谷子	00011023	竹叶青粘谷	济阳	山东
谷子	00011032	当年陈	历城	山东
谷子	00011038	白谷子	济阳	山东
谷子	00011040	碌砷齐子粘谷	济阳	山东
谷子	00011054	粘谷子	济阳	山东
谷子	00011066	红黄短毛黄谷	济阳	山东
谷子	00011106	齐头谷子	济阳	山东
谷子	00011127	大黄谷	济南	山东
谷子	00011133	有毛谢花黄	济南	山东
谷子	00011141	五石三	章丘	山东
谷子	00011154	太安调	济南	山东
谷子	00011156	三石准	商河	山东
谷子	00011165	大青秸谷	商河	山东

（续表）

作物名称	统一编号	品种名称	原产地	省
谷子	00011167	青根子谷	章丘	山东
谷子	00011186	狼尾巴	商河	山东
谷子	00011192	钱串子谷	平阴	山东
谷子	00011193	大黄谷	章丘	山东
谷子	00011218	东路阴天旱	章丘	山东
谷子	00011230	毛谷	章丘	山东
谷子	00011232	小黄谷	平阴	山东
谷子	00011271	小白谷	历城	山东
谷子	00011279	竹叶红	章丘	山东
谷子	00011287	白沙谷	济阳	山东
谷子	00011294	红苗黄谷	济阳	山东
谷子	00011302	金不换	历城	山东
谷子	00011318	老来变	济阳	山东
谷子	00011322	小柳根谷	济阳	山东
谷子	00011374	尖穗子	章丘	山东
谷子	00011422	白苗子谷	商河	山东
谷子	00011432	刀把齐	商河	山东
谷子	00011468	昌皋	章丘	山东
谷子	00011486	乌兰腿	历城	山东
谷子	00011509	竹杆青A	济阳	山东
谷子	00011519	太安刁	历城	山东
谷子	00011574	大园绳	济阳	山东
谷子	00011581	新牛角	历城	山东
谷子	00011590	气煞洼	章丘	山东
谷子	00011620	白帝谷	章丘	山东
谷子	00011623	碌碡齐	章丘	山东
谷子	00011627	半毛	章丘	山东
谷子	00011652	三变嗅	平阴	山东
谷子	00011654	白毛谷	平阴	山东
谷子	00011670	瓦屋檩	章丘	山东
谷子	00011675	齐头白	济南	山东
谷子	00011687	白芝麻钻子	历城	山东
谷子	00011693	钢绳头子	历城	山东

（续表）

作物名称	统一编号	品种名称	原产地	省
谷子	00011696	刀把齐	历城	山东
谷子	00012863	光葫芦	商河县	山东
谷子	00012864	白沙皮	商河县	山东
谷子	00012865	红根黄	商河县	山东
谷子	00012866	大郓城	商河县	山东
谷子	00012867	气死洼	商河县	山东
谷子	00012868	青根毛谷	商河县	山东
谷子	00012869	小半毛	商河县	山东
谷子	00012870	黄根半毛	商河县	山东
谷子	00012871	小金黄	商河县	山东
谷子	00012872	大金苗	商河县	山东
谷子	00012873	红苗子谷	商河县	山东
谷子	00012874	毛谷	商河县	山东
谷子	00012875	白蚂蚁	商河县	山东
谷子	00012876	白粘谷	商河县	山东
谷子	00012877	红根子谷	商河县	山东
谷子	00012878	小白谷	商河县	山东
谷子	00013529	南京19	济南市	山东
谷子	00013530	南京19A	济南市	山东
谷子	00013531	燕大18482	济南市	山东
谷子	00013532	馍馍谷	济南市	山东
谷子	00013533	晚播粟	济南市	山东
谷子	00013534	二秋白谷	济南市	山东
谷子	00013535	黄谷	济南市	山东
谷子	00013536	齐头白	济南市	山东
谷子	00013537	莱谷	济南市	山东
谷子	00013538	黑汉腿	济南市	山东
谷子	00013539	老毛谷	济南市	山东
谷子	00013540	压倒车	济南市	山东
谷子	00013541	年年收	济南市	山东
谷子	00013542	三地方	济南市	山东
谷子	00013543	恰谷	济南市	山东
谷子	00013544	老虎尾	济南市	山东

（续表）

作物名称	统一编号	品种名称	原产地	省
谷子	00013545	黄谷	济南市	山东
谷子	00019706	白蚂蚁	商河县	山东
谷子	00019707	红根子谷	商河县	山东
谷子	00019708	小白谷	商河县	山东
谷子	00019709	小半毛	商河县	山东
谷子	00019710	小金苗	商河县	山东
谷子	00019711	大云城	商河县	山东
谷子	00019712	气死洼	商河县	山东
谷子	00019713	青根毛谷	商河县	山东
谷子	00019714	红根黄	商河县	山东
谷子	00019715	大金苗	商河县	山东
谷子	00019716	黄根半毛	商河县	山东
谷子	00023524	毛谷	商河县	山东
谷子	00023528	竹杆青	济南市	山东
谷子	00023529	黑汉腿	济南市	山东
谷子	00023530	竹叶青	济南市	山东
谷子	00023531	米谷子	济南市	山东
谷子	00023532	白江西	济南市	山东
谷子	00023533	大黄谷	济南市	山东
谷子	00023534	压道车	济南市	山东
谷子	00023535	五石三	济南市	山东
谷子	00023536	茉谷	济南市	山东
谷子	00023537	老毛谷	济南市	山东
谷子	00023538	压倒车	济南市	山东
谷子	00023539	年年收	济南市	山东
谷子	00023540	三地方	济南市	山东
谷子	00023541	恰谷	济南市	山东
谷子	00023542	黄谷	济南市	山东
谷子	00023543	黑汉腿	济南市	山东
谷子	00023544	南京19A	济南市	山东
谷子	00023545	燕京18482	济南市	山东
绿豆	C0000860	一穴蚌	济南市	山东
绿豆	C0000861	毛绿豆	济南市	山东

（续表）

作物名称	统一编号	品种名称	原产地	省
绿豆	C0000862	二起楼	济南市	山东
绿豆	C0000863	明粒绿豆	济南市	山东
绿豆	C0000864	毛绿豆	济南市	山东
绿豆	C0000865	早绿豆	历城县	山东
绿豆	C0000873	绿豆	章丘县	山东
绿豆	C0000874	一穴蚌	章丘县	山东
绿豆	C0000875	一穴蚌	章丘县	山东
绿豆	C0000876	笊篱头（1）	章丘县	山东
绿豆	C0000877	笊篱头（2）	章丘县	山东
绿豆	C0000878	绿豆	章丘县	山东
绿豆	C0000915	半角绿豆	商河县	山东
绿豆	C0000916	爬蔓绿豆	济阳县	山东
绿豆	C0001018	一捧笙	莱芜县	山东
绿豆	C0001019	绿豆	莱芜县	山东
绿豆	C0001020	春绿豆	莱芜县	山东
绿豆	C0001031	红半秧子	平阴县	山东
绿豆	C0001032	小紫秸	平阴县	山东
绿豆	C0001033	毛绿豆	平阴县	山东
绿豆	C0001034	大明粒	平阴县	山东
绿豆	C0001035	大青秸	平阴县	山东
绿豆	C0001036	毛绿豆	平阴县	山东
绿豆	C0001037	青到秋	平阴县	山东
绿豆	C0001038	大槐花	平阴县	山东
绿豆	C0001039	毛绿豆	平阴县	山东
绿豆	C0001040	大槐花	平阴县	山东
绿豆	C0001041	毛绿豆	平阴县	山东
绿豆	C0001042	绿豆	平阴县	山东
绿豆	C0001043	小白眉	平阴县	山东
绿豆	C0001411	黄绿豆	平阴县	山东
绿豆	C0001429	褐绿豆	平阴县	山东
绿豆	C0002154	月绿豆	章丘县	山东
绿豆	C0002155	大明青	章丘县	山东
花生	Zh.h0854	历城墩生种	历城县	山东

（续表）

作物名称	统一编号	品种名称	原产地	省
柿	SH0042	小面糊	历城	山东
柿	SH0126	大面糊	历城	山东
柿	SH0143	绵柿	历城	山东
柿	SH0171	盒柿	历城	山东
柿	SH0197	小面糊	历城	山东
黍稷	00004357	大白黍	商河	山东
黍稷	00004358	高秸黍	济阳	山东
黍稷	00004374	白黍子	济南郊区	山东
黍稷	00004375	笊篱头	济南郊区	山东
黍稷	00004376	牛尾巴	章丘	山东
黍稷	00004377	黍子	章丘	山东
黍稷	00004552	馒二黍	平阴	山东
黍稷	00004553	黍子	平阴	山东
黍稷	00004554	白黍子	平阴	山东
黍稷	00004555	黍子	平阴	山东
黍稷	00005063	稷子	济阳	山东
黍稷	00005071	黄稷子	济南市	山东
黍稷	00005072	黄稷子	济南市	山东
黍稷	00005073	白稷子	济南市	山东
黍稷	00005074	黑稷子	济南市	山东
黍稷	00005075	白稷子	历城	山东
黍稷	00005076	白稷子	历城	山东
饭豆	D0000098	山西饭豆	平阴县	山东
芝麻	ZZM00323	霸王鞭	历城	山东
芝麻	ZZM00380	芝麻	章丘	山东
芝麻	ZZM00381	芝麻	章丘	山东
芝麻	ZZM00427	芝麻	章丘	山东
芝麻	ZZM00432	霸王鞭	济阳	山东
芝麻	ZZM00472	芝麻	章丘	山东
芝麻	ZZM00473	大八杈	章丘	山东
芝麻	ZZM00524	芝麻	章丘	山东
芝麻	ZZM00550	大青秸	商河	山东
芝麻	ZZM02274	霸王鞭	章丘	山东

（续表）

作物名称	统一编号	品种名称	原产地	省
高粱	00000923	黑葶子白	商河	山东
高粱	00000961	矮高粱	历城	山东
高粱	00000982	满天红	平阴	山东
高粱	00005056	大子帽	章丘	山东
高粱	00005067	大撒披	平阴	山东
高粱	00005089	大麦黄	平阴	山东
高粱	00005116	大散红	平阴	山东
高粱	00005135	马尾扫	济南	山东
高粱	00005137	马尾扫	章丘	山东
高粱	00005156	六月子	济南	山东
高粱	00005160	气杀雾	济南	山东
高粱	00005165	气死雾	济南	山东
高粱	00005166	气死雾	济南	山东
高粱	00005207	打锣锤	章丘	山东
高粱	00005285	禾子	济南	山东
高粱	00005311	老来白	平阴	山东
高粱	00005370	红壳密码	平阴	山东
高粱	00005416	红葶子	章丘	山东
高粱	00005420	红葶子	平阴	山东
高粱	00005441	红葶红	济阳	山东
高粱	00005483	灯楼红	济阳	山东
高粱	00005487	麦皮子	济南	山东
高粱	00005490	麦皮高粱	济阳	山东
高粱	00005491	麦皮黄	济南	山东
高粱	00005493	麦黄	平阴	山东
高粱	00005533	转弯头	平阴	山东
高粱	00005538	秕八生	商河	山东
高粱	00005550	歪脖子黄	济南	山东
高粱	00005565	济南白	济南	山东
高粱	00005566	济南打锣锤	济南	山东
高粱	00005567	济南黄罗伞	济南	山东
高粱	00005627	铁股头	章丘	山东
高粱	00005632	铁杆子	济南	山东

（续表）

作物名称	统一编号	品种名称	原产地	省
高粱	00005656	黄壳密码	平阴	山东
高粱	00005693	黄眼蹦	济阳	山东
高粱	00005724	黄窝子高粱	章丘	山东
高粱	00005737	粘高粱	平阴	山东
高粱	00005779	鸽子高粱	平阴	山东
高粱	00005782	窝窝头	章丘	山东
高粱	00005792	黑合子	平阴	山东
高粱	00005842	黑萼子	章丘	山东
高粱	00005855	黑萼子白	济阳	山东
高粱	00005868	黑窝达子帽	济阳	山东
高粱	00005869	黑窝红	商河	山东
高粱	00005870	黑萼红	济阳	山东
高粱	00008915	大锣锤（历城）	历城	山东
高粱	00008921	气杀雾高粱（历城）	历城	山东
高粱	00008926	打字帽（章丘）	章丘	山东
高粱	00008988	黄壳子（历城）	历城	山东
高粱	00008993	粘高粱（历城）	历城	山东
高粱	00009005	黑萼子（历城）	历城	山东
高粱	00009009	矬高粱（历城）	历城	山东
大豆	ZDD02770	小黄豆	历城	山东
大豆	ZDD02775	吴东大黄豆	济南	山东
大豆	ZDD02776	铁荚子	济南	山东
大豆	ZDD02777	八月炸	章丘	山东
大豆	ZDD02778	大圆粒黄豆	章丘	山东
大豆	ZDD02800	八月炸	平阴	山东
大豆	ZDD02801	火里烧	平阴	山东
大豆	ZDD02802	四角齐	平阴	山东
大豆	ZDD02808	烟火秆	济阳	山东
大豆	ZDD02809	连叶黄	济阳	山东
大豆	ZDD02810	吊死鬼豆子	济阳	山东
大豆	ZDD02811	民黄豆	济阳	山东
大豆	ZDD02812	八月忙	济阳	山东
大豆	ZDD02925	大粒蜂壁	历城	山东

（续表）

作物名称	统一编号	品种名称	原产地	省
大豆	ZDD02926	新日青	章丘	山东
大豆	ZDD02949	小粒青	历城	山东
大豆	ZDD03002	黑荚子	济阳	山东
大豆	ZDD03003	红黑豆	济阳	山东
大豆	ZDD03012	高粱红	商河	山东
大豆	ZDD03013	牛角齐大黑豆	商河	山东
大豆	ZDD03023	八月忙	历城	山东
大豆	ZDD03024	大青瓢黑豆	历城	山东
大豆	ZDD03027	秧豆	章丘	山东
大豆	ZDD03028	假黄豆	章丘	山东
大豆	ZDD03029	平顶黑	章丘	山东
大豆	ZDD03031	八月炸	章丘	山东
大豆	ZDD03063	黑鸡豆	历城	山东
大豆	ZDD03076	小红楂豆	济阳	山东
大豆	ZDD03077	有面豆	济阳	山东
大豆	ZDD03082	红泥豆	平阴	山东
大豆	ZDD03083	大红豆	章丘	山东
大豆	ZDD03099	羊眼	平阴	山东
大豆	ZDD03100	大羊眼	平阴	山东
大豆	ZDD03112	花眼大豆	商河	山东
大豆	ZDD10056	大黑豆	济阳	山东
大豆	ZDD10082	兔子眼	章丘	山东
萝卜	V01A0673	济南碌柱齐	济南郊区	山东
萝卜	V01A0674	济南青圆脆	济南郊区	山东
萝卜	V01A0705	红皮萝卜	莱芜市	山东
萝卜	V01A0706	大青萝卜	莱芜市	山东
萝卜	V01A0707	露头青萝卜	莱芜市	山东
萝卜	V01A0713	济南裴家营小叶	历城	山东
萝卜	V01A0742	青头萝卜	平阴县	山东
萝卜	V01A0754	白萝卜	商河县	山东
萝卜	V01A0803	灯笼红	章丘县	山东
萝卜	V01A0804	章丘露腚青	章丘县	山东
萝卜	V01A0805	章丘水萝卜	章丘县	山东
萝卜	V01A0806	章丘露头青	章丘县	山东

（续表）

作物名称	统一编号	品种名称	原产地	省
萝卜	V01A1828	济南寒萝卜	济南市	山东
萝卜	V01A1841	平阴青皮萝卜	平阴县	山东
萝卜	V01A1860	莱芜半萝卜	莱芜市	山东
大白菜	V02A0805	济南大白心	济南郊区	山东
大白菜	V02A0806	济南大根	济南郊区	山东
大白菜	V02A0807	历城唐王小根	济南郊区	山东
大白菜	V02A0808	裴家营小根	济南郊区	山东
大白菜	V02A0809	北园热白菜	济南郊区	山东
大白菜	V02A0827	莱芜半白菜	莱芜市	山东
大白菜	V02A0828	莱芜大包头	莱芜市	山东
大白菜	V02A0829	莱芜立心白菜	莱芜市	山东
大白菜	V02A0830	莱芜大包头	莱芜市	山东
大白菜	V02A0831	莱芜大青叶	莱芜市	山东
大白菜	V02A0832	莱芜大狮子头	莱芜市	山东
大白菜	V02A0842	历城老屯青麻叶	历城	山东
大白菜	V02A0880	商河蒙头白	商河县	山东
大白菜	V02A0881	商河连心	商河县	山东
大白菜	V02A0924	包头白菜	章丘县	山东
大白菜	V02A0925	章丘南王小根	章丘县	山东
根芥菜	V03C0102	辣疙瘩	章丘县	山东
黄瓜	V05A0501	秋黄瓜	济南郊区	山东
黄瓜	V05A0502	叶儿三	济南郊区	山东
黄瓜	V05A0516	大八杈	莱芜市	山东
黄瓜	V05A0559	大八杈	商河县	山东
黄瓜	V05A0580	大青皮	章丘县	山东
黄瓜	V05A0581	黄瓜	章丘县	山东
黄瓜	V05A1005	朱庄秋瓜	历城县	山东
黄瓜	V05A1037	朱庄半夏	济南市	山东
黄瓜	V05A1310	矮生黄瓜	济南市	山东
黄瓜	V05A1313	济南密刺	济南市	山东
西葫芦	V05B0169	济南西葫芦	济南郊区	山东
西葫芦	V05B0178	西葫芦	商河县	山东
南瓜	V05C0959	南瓜	章丘市	山东
笋瓜	V05D0131	济南腊梅瓜	济南郊区	山东

（续表）

作物名称	统一编号	品种名称	原产地	省
冬瓜	V05E0181	北园一串铃	历城区	山东
丝瓜	V05H0205	线丝瓜	济南郊区	山东
丝瓜	V05H0422	罗丝瓜	济南市	山东
瓠瓜	V05I0229	圆葫芦	济南市	山东
甜瓜	V05Q0193	绿花皮	莱芜市	山东
甜瓜	V05Q0194	珍珠黄	历城区	山东
甜瓜	V05Q0195	白银甜瓜	历城区	山东
甜瓜	V05Q0196	冰糖脆	历城区	山东
甜瓜	V05Q0197	柳条青甜瓜	历城区	山东
甜瓜	V05Q0217	落花甜	章丘县	山东
甜瓜	V05Q0218	香瓜	章丘县	山东
甜瓜	V05Q0219	笑开花	章丘县	山东
甜瓜	V05Q0220	蛤蟆酥	章丘县	山东
甜瓜	V05Q0314	黄甜瓜	济南市	山东
甜瓜	V05Q0322	黄皮甜瓜	济南市	山东
番茄	V06A0483	110	济南郊区	山东
番茄	V06A0484	鲁粉一号	济南郊区	山东
番茄	V06A1514	番茄	济南市	山东
番茄	V06A1561	鲁红一号	济南市	山东
番茄	V06A1565	鲁粉三号	济南市	山东
番茄	V06A1569	大叶早粉	济南市	山东
茄子	V06B0037	济南紫长茄	济南市	山东
茄子	V06B0612	济南六叶茄	济南郊区	山东
茄子	V06B0613	济南早小长茄	济南郊区	山东
茄子	V06B0614	济南长茄	济南郊区	山东
茄子	V06B0623	莱芜茄子	莱芜市	山东
茄子	V06B0674	章丘紫园茄	章丘县	山东
茄子	V06B0675	大敏茄	章丘县	山东
茄子	V06B0676	母猪奶茄	章丘县	山东
辣椒	V06C0847	羊角椒	济南郊区	山东
辣椒	V06C0848	济南铃铛皮	济南郊区	山东
辣椒	V06C1690	辣椒	济南市	山东
菜豆	V07A1197	济南法兰豆	济南郊区	山东
菜豆	V07A1210	莱芜青芸豆	莱芜市	山东

（续表）

作物名称	统一编号	品种名称	原产地	省
菜豆	V07A1211	莱芜老来少	莱芜市	山东
菜豆	V07A1254	商河芸豆	商河县	山东
菜豆	V07A1255	商河芸豆	商河县	山东
菜豆	V07A1305	章丘架芸豆	章丘县	山东
菜豆	V07A1310	章丘四季芸豆	章丘县	山东
长豇豆	V07E0872	济南挑杆地豆角	济南郊区	山东
长豇豆	V07E0885	莱芜豇豆	莱芜市	山东
长豇豆	V07E1559	济南豆角	济南市	山东
长豇豆	V07E1617	济南豆角	济南市	山东
韭菜	V08A0242	济南马蔺韭	济南市	山东
韭菜	V08A0266	济南青根韭	济南市	山东
大葱	V08B0099	莱芜鸡腿葱	莱芜市	山东
大葱	V08B0106	章丘梧桐葱	章丘县	山东
小麦	ZM001673	蝼蛄腚	历城	山东
小麦	ZM001674	蝼蛄腚	历城	山东
小麦	ZM001675	蝼蛄腚	历城	山东
小麦	ZM001676	大白芒	历城	山东
小麦	ZM001677	大红芒	历城	山东
小麦	ZM001678	红芒麦	历城	山东
小麦	ZM001679	老红芒	历城	山东
小麦	ZM001680	红芒白麦（二）	历城	山东
小麦	ZM001681	红火麦	历城	山东
小麦	ZM001682	白秃头	历城	山东
小麦	ZM001683	白秃头	历城	山东
小麦	ZM001684	透灵白	历城	山东
小麦	ZM001685	红半芒	历城	山东
小麦	ZM001686	鱼鳞白	历城	山东
小麦	ZM001687	白麦（二）	历城	山东
小麦	ZM001688	红秃头	历城	山东
小麦	ZM001882	长芒透垅白	莱芜	山东
小麦	ZM001883	透灵白麦	莱芜	山东
小麦	ZM001884	红秃头	莱芜	山东
小麦	ZM001885	高了麦	莱芜	山东
小麦	ZM001915	红芒红麦	章丘	山东

（续表）

作物名称	统一编号	品种名称	原产地	省
小麦	ZM001916	红芒蚰麦	章丘	山东
小麦	ZM001917	拐子腚	章丘	山东
小麦	ZM001918	白半芒	章丘	山东
小麦	ZM001919	白芒秃斯	章丘	山东
小麦	ZM001920	白秃头	章丘	山东
小麦	ZM001921	螳螂子	章丘	山东
小麦	ZM001922	螳螂子	章丘	山东
小麦	ZM001923	大白粒	章丘	山东
小麦	ZM001924	黄县大粒	章丘	山东
小麦	ZM002133	白秃头	历城	山东
小麦	ZM002134	红秃头	历城	山东
小麦	ZM002135	红火麦	历城	山东
小麦	ZM002136	白蝼蛄腚	历城	山东
小麦	ZM002137	蝼蛄腚	历城	山东
小麦	ZM002138	红芒麦	历城	山东
小麦	ZM002139	小白芒	历城	山东
小麦	ZM002140	大白麦	历城	山东
小麦	ZM002141	白芒红	历城	山东
小麦	ZM002226	红秃头	商河	山东
小麦	ZM002227	美国麦	商河	山东
小麦	ZM002330	白秃子头	莱东	山东
小麦	ZM002331	白秃麦	莱东	山东
小麦	ZM002332	白秃小麦	莱东	山东
小麦	ZM002492	白秃麦	章丘	山东
小麦	ZM002493	红秃头	莱芜	山东
小麦	ZM002494	红秃头	莱芜	山东
小麦	ZM002495	红了麦	莱芜	山东
小麦	ZM002496	高了麦	莱芜	山东
小麦	ZM002497	透灵白	莱芜	山东
小麦	ZM002498	小白芒	莱芜	山东
小麦	ZM002499	长芒子	莱芜	山东
小麦	ZM002500	长芒白	莱芜	山东
小麦	ZM015663	亲176-908	莱芜市	山东

济南市第三次全国农作物种质资源普查收录资源名录

作物名称	统一编号	品种名称	资源采集地	省
水稻	P370125015	清风香糯	济南市济阳区	山东省
小麦	P370125009	济阳仁风小麦	济南市济阳区	山东省
小麦	P370125016	济阳紫麦	济南市济阳区	山东省
玉米	P370116004	莱芜白玉米	济南市莱芜区	山东省
大豆	P370124050	平阴小黑豆	济南市平阴县	山东省
大豆	P370125004	济阳兔眼豆	济南市济阳区	山东省
大豆	P370125010	济阳大粒黑豆	济南市济阳区	山东省
高粱	P370116003	莱芜黏高粱	济南市莱芜区	山东省
高粱	P370124002	落地出	济南市平阴县	山东省
高粱	P370124013	鸭子够	济南市平阴县	山东省
高粱	P370124031	不睁眼	济南市平阴县	山东省
高粱	P370124043	黑合子	济南市平阴县	山东省
高粱	P370112007	挺杆高粱	济南市历城区	山东省
高粱	P370125014	长葶高粱	济南市济阳区	山东省
高粱	P370116005	长挺秀高粱	济南市莱芜区	山东省
高粱	P370112013	笤帚高粱（黑葶）	济南市历城区	山东省
高粱	P370113018	六月子	济南市长清区	山东省
高粱	P370112014	笤帚高粱（红葶）	济南市历城区	山东省
谷子	P370112006	老虎头谷子	济南市历城区	山东省
谷子	P370124006	平阴谷子（老品种）	济南市平阴县	山东省
谷子	P370124009	平阴黄谷子	济南市平阴县	山东省
谷子	P370124014	平阴粘谷	济南市平阴县	山东省
谷子	P370124016	墙头搭	济南市平阴县	山东省
谷子	P370124019	平阴孔村红粘谷	济南市平阴县	山东省
谷子	P370124030	红粘谷子	济南市平阴县	山东省
谷子	P370124032	伏谷	济南市平阴县	山东省
谷子	P370124037	齐头白	济南市平阴县	山东省
谷子	P370124042	平阴水谷	济南市平阴县	山东省
谷子	P370124056	五担三	济南市平阴县	山东省
谷子	P370124057	千斤谷	济南市平阴县	山东省
谷子	P370112008	红粘谷	济南市历城区	山东省
谷子	P370112009	黄粘谷	济南市历城区	山东省
谷子	P370116008	莱芜大白谷	济南市莱芜区	山东省

（续表）

作物名称	统一编号	品种名称	资源采集地	省
谷子	P370112010	小黄谷（母鸡嘴）	济南市历城区	山东省
谷子	P370113001	红姑娘	济南市长清区	山东省
谷子	P370113002	黄粘谷	济南市长清区	山东省
谷子	P370113004	狼尾巴	济南市长清区	山东省
谷子	P370113005	天鹅蛋	济南市长清区	山东省
谷子	P370113016	小白谷	济南市长清区	山东省
谷子	P370113023	小粒黄	济南市长清区	山东省
黍稷	P370124041	平阴黍子	济南市平阴县	山东省
黍稷	P370112011	黍子	济南市历城区	山东省
黍稷	P370113017	长清稷子	济南市长清区	山东省
黍稷	P370112016	黍子	济南市历城区	山东省
荞麦	P370112017	野生荞麦	济南市历城区	山东省
小豆	P370124001	爬豆	济南市平阴县	山东省
小豆	P370124020	平阴红小豆	济南市平阴县	山东省
小豆	P370116009	莱芜小豆	济南市莱芜区	山东省
小豆	P370112012	红小豆	济南市历城区	山东省
小豆	P370113011	红爬豆	济南市长清区	山东省
小豆	P370113012	绿爬豆	济南市长清区	山东省
小豆	P370113019	红小豆	济南市长清区	山东省
小豆	P370113021	小黑豆	济南市长清区	山东省
小豆	P370113022	小黄豆	济南市长清区	山东省
豇豆	P370124052	平阴老豇豆	济南市平阴县	山东省
豇豆	P370125012	八月忙地豆角	济南市济阳区	山东省
绿豆	P370124048	平阴黑绿豆	济南市平阴县	山东省
绿豆	P370124049	平阴胡绿豆	济南市平阴县	山东省
绿豆	P370125006	济阳红绿豆	济南市济阳区	山东省
绿豆	P370113020	毛绿豆	济南市长清区	山东省
绿豆	P370112027	野生绿豆（玻璃浆子）	济南市历城区	山东省
饭豆	P370125007	济阳花爬豆	济南市济阳区	山东省
饭豆	P370125008	济阳爬豆	济南市济阳区	山东省
小扁豆	P370124040	平阴小扁豆	济南市平阴县	山东省
扁豆	P370124039	平阴扁豆	济南市平阴县	山东省
扁豆	P370125013	猪耳朵扁豆	济南市济阳区	山东省
扁豆	P370112026	紫花扁豆	济南市历城区	山东省

（续表）

作物名称	统一编号	品种名称	资源采集地	省
扁豆	P370112033	紫花扁豆	济南市历城区	山东省
扁豆	P370112034	大夹白扁豆	济南市历城区	山东省
野生大豆	P370125001	济阳野生大豆	济南市济阳区	山东省
花生	P370125011	济阳黑花生	济南市济阳区	山东省
高粱	P370117003	中施红高粱	济南市钢城区	山东省
谷子	P370117009	母鸡嘴	济南市钢城区	山东省
谷子	P370117010	钢城小黄谷	济南市钢城区	山东省
谷子	P370117018	钢城毛谷子	济南市钢城区	山东省
谷子	P370117019	钢城黍谷子	济南市钢城区	山东省
玉米	P370117020	钢城粘玉米	济南市钢城区	山东省
萝卜	P370181022	露头青	济南市章丘区	山东省
棉花	P370105017	丁屯棉花	济南市天桥区	山东省
南瓜	P370103029	石崮南瓜	济南市市中区	山东省
南瓜	P370103030	石崮黄南瓜	济南市市中区	山东省
南瓜	P370124033	鹅脖南瓜	济南市平阴县	山东省
南瓜	P370124054	平阴金瓜	济南市平阴县	山东省
南瓜	P370126001	商河南瓜	济南市商河县	山东省
南瓜	P370181006	章丘南瓜	济南市章丘区	山东省
芹菜	P370113009	长清芹菜	济南市长清区	山东省
芹菜	P370181001	章丘鲍芹	济南市章丘区	山东省
青麻	P370124004	平阴野生苘麻	济南市平阴县	山东省
水稻	P370181018	小红芒	济南市章丘区	山东省
水稻	P370181019	章丘香糯米	济南市章丘区	山东省
水稻	P370181024	大红芒	济南市章丘区	山东省
水稻	P370181025	白芒	济南市章丘区	山东省
丝瓜	P370124003	起棱丝瓜	济南市平阴县	山东省
甜瓜	P370124028	蛤蟆酥	济南市平阴县	山东省
甜瓜	P370124029	芝麻粒	济南市平阴县	山东省
甜瓜	P370126002	蛤蟆酥小红种	济南市商河县	山东省
小麦	P370105018	丁屯小麦	济南市天桥区	山东省
芫荽	P370181033	香菜	济南市章丘区	山东省
野生大豆	P370181038	野生黑豆	济南市章丘区	山东省
薏苡	P370117016	钢城念珠薏苡	济南市钢城区	山东省
玉米	P370105001	小粒玉米	济南市天桥区	山东省

（续表）

作物名称	统一编号	品种名称	资源采集地	省
玉米	P370116037	小紫玉米	济南市莱芜区	山东省
玉米	P370116038	小白玉米	济南市莱芜区	山东省
芝麻	P370113003	红蕨藜棍	济南市长清区	山东省
芝麻	P370181034	钢鞭芝麻	济南市章丘区	山东省
花生	P370105016	丁屯花生	济南市天桥区	山东省
花生	P370116040	黑花生	济南市莱芜区	山东省
花生	P370116041	白玉花生	济南市莱芜区	山东省
花生	P370116042	黄花生	济南市莱芜区	山东省
花生	P370116043	彩仁红冠花生	济南市莱芜区	山东省
花生	P370116044	紫花生	济南市莱芜区	山东省
花生	P370116045	彩仁花冠花生	济南市莱芜区	山东省
花生	P370116049	红花生	济南市莱芜区	山东省
白菜	P370181021	包头白	济南市章丘区	山东省
蓖麻	P370113013	长清蓖麻	济南市长清区	山东省
蓖麻	P370124005	平阴野生蓖麻	济南市平阴县	山东省
蓖麻	P370124045	红蓖麻	济南市平阴县	山东省
蓖麻	P370125002	济阳红蓖麻	济南市济阳区	山东省
蓖麻	P370125005	济阳蓖麻	济南市济阳区	山东省
蓖麻	P370181041	蓖麻子	济南市章丘区	山东省
扁豆	P370126009	商河紫扁豆	济南市商河县	山东省
菠菜	P370113024	赖菜	济南市长清区	山东省
菜豆	P370124007	平阴宋子顺山豆角	济南市平阴县	山东省
菜豆	P370124012	平阴大李子顺山豆角（绿色）	济南市平阴县	山东省
菜豆	P370124035	马蹄豆角	济南市平阴县	山东省
菜豆	P370124036	小芸豆	济南市平阴县	山东省
菜豆	P370124038	平阴菜豆	济南市平阴县	山东省
菜豆	P370124044	兔子腿	济南市平阴县	山东省
菜豆	P370181027	黑芸豆	济南市章丘区	山东省
大葱	P370181002	大梧桐	济南市章丘区	山东省
大葱	P370181003	气煞风	济南市章丘区	山东省
大葱	P370181017	二串子	济南市章丘区	山东省
大豆	P370105013	丁屯大豆	济南市天桥区	山东省
大豆	P370181026	大豆子	济南市章丘区	山东省
大豆	P370105014	丁屯黑豆	济南市天桥区	山东省

（续表）

作物名称	统一编号	品种名称	资源采集地	省
饭豆	P370181036	章丘红小豆	济南市章丘区	山东省
高粱	P370105012	丁屯高粱	济南市天桥区	山东省
谷子	P370105015	丁屯谷子	济南市天桥区	山东省
谷子	P370116035	老笨谷	济南市莱芜区	山东省
谷子	P370181015	阴天旱	济南市章丘区	山东省
谷子	P370181035	刀把谷	济南市章丘区	山东省
胡萝卜	P370124047	平阴黑胡萝卜	济南市平阴县	山东省
胡萝卜	P370125019	济阳野萝卜	济南市济阳区	山东省
胡萝卜	P370181007	章丘胡萝卜瓜	济南市章丘区	山东省
瓠瓜	P370125003	金刚葫芦	济南市济阳区	山东省
豇豆	P370117017	东王家庄豇豆	济南市钢城区	山东省
豇豆	P370181032	山豆角	济南市章丘区	山东省
栝楼	P370113006	野栝楼	济南市长清区	山东省
栝楼	P370113015	仁栝楼	济南市长清区	山东省
大蒜	P370116024	莱芜白皮蒜	济南市莱芜区	山东省
大蒜	P370116025	莱芜四六瓣蒜	济南市莱芜区	山东省
大蒜	P370126007	大青棵	济南市商河县	山东省
山楂	P370116002	莱芜黑红	济南市莱芜区	山东省
山楂	P370116015	五棱	济南市莱芜区	山东省
山楂	P370116016	大红星	济南市莱芜区	山东省
山楂	P370116017	小红星	济南市莱芜区	山东省
山楂	P370116018	棉球	济南市莱芜区	山东省
山楂	P370116030	莱芜黄山楂	济南市莱芜区	山东省
山楂	P370117012	澜头老山楂	济南市钢城区	山东省
山楂	P370112002	山楂石榴	济南市历城区	山东省
山楂	P370112030	大货山楂	济南市历城区	山东省
榛	P370117025	钢城榛子	济南市钢城区	山东省
葡萄	P370181011	章丘野葡萄	济南市章丘区	山东省
葡萄	P370112001	野生葡萄	济南市历城区	山东省
葡萄	P370112019	野生葡萄	济南市历城区	山东省
葡萄	P370125028	黄玫瑰葡萄	济南市济阳区	山东省
桑	P370181020	章丘白桑	济南市章丘区	山东省
桑	P370124027	平阴孝直野桑树	济南市平阴县	山东省
桑	P370124053	平阴玫瑰老桑树	济南市平阴县	山东省

（续表）

作物名称	统一编号	品种名称	资源采集地	省
柿	P370116012	四峰柿	济南市莱芜区	山东省
柿	P370113028	合柿	济南市长清区	山东省
柿	P370113029	长清软枣	济南市长清区	山东省
柿	P370181013	无核软柿	济南市章丘区	山东省
柿	P370117013	澜头老柿子	济南市钢城区	山东省
柿	P370117014	澜头软枣	济南市钢城区	山东省
柿	P370117030	棋山柿子	济南市钢城区	山东省
柿	P370112029	镜面柿子	济南市历城区	山东省
柿	P370124018	山柿子	济南市平阴县	山东省
柿	P370124051	牛心柿子	济南市平阴县	山东省
柿	P370125020	济阳软枣（君迁子）	济南市济阳区	山东省
柿	P370125027	镜面柿	济南市济阳区	山东省
无花果	P370104002	新沙	济南市槐荫区	山东省
石榴	P370104003	景秀园	济南市槐荫区	山东省
石榴	P370181014	章丘石榴	济南市章丘区	山东省
石榴	P370124011	冰糖石榴	济南市平阴县	山东省
石榴	P370124055	平阴甜石榴	济南市平阴县	山东省
石榴	P370125030	济阳酸石榴	济南市济阳区	山东省
枣	P370117006	钢城野生酸枣	济南市钢城区	山东省
枣	P370112021	仲秋红大枣	济南市历城区	山东省
枣	P370112022	高维酸枣	济南市历城区	山东省
枣	P370124021	平阴大酸枣	济南市平阴县	山东省
枣	P370125025	济阳小枣	济南市济阳区	山东省
梨	P370116019	梨	济南市莱芜区	山东省
梨	P370113008	长清小白梨	济南市长清区	山东省
梨	P370126004	李桂芬梨	济南市商河县	山东省
梨	P370117011	澜头老梨	济南市钢城区	山东省
梨	P370112004	泰山小白梨	济南市历城区	山东省
梨	P370124010	太西黄梨	济南市平阴县	山东省
梨	P370125023	上品包金梨	济南市济阳区	山东省
桃	P370113033	白金桃	济南市长清区	山东省
桃	P370117022	黄金蜜桃	济南市钢城区	山东省
桃	P370117024	钢城小毛桃	济南市钢城区	山东省
桃	P370112005	玉龙雪桃（老品种）	济南市历城区	山东省

（续表）

作物名称	统一编号	品种名称	资源采集地	省
桃	P370112031	玉龙雪桃改良系1号	济南市历城区	山东省
桃	P370112032	玉龙雪桃改良系2号	济南市历城区	山东省
桃	P370124008	平阴寿桃	济南市平阴县	山东省
桃	P370124046	中华寿桃	济南市平阴县	山东省
桃	P370125022	济阳仁风蜜桃	济南市济阳区	山东省
杏	P370116007	扫帚红杏	济南市莱芜区	山东省
杏	P370113007	张夏玉杏	济南市长清区	山东省
杏	P370126008	甜核杏	济南市商河县	山东省
杏	P370117026	里辛老杏	济南市钢城区	山东省
杏	P370117031	西马泉甜水杏	济南市钢城区	山东省
杏	P370112018	超晚熟杏	济南市历城区	山东省
杏	P370112035	观音脸杏	济南市历城区	山东省
杏	P370112036	历城玉杏	济南市历城区	山东省
杏	P370112037	历城红荷包杏	济南市历城区	山东省
杏	P370124017	野山杏	济南市平阴县	山东省
海棠	P370126010	商河海棠	济南市商河县	山东省
海棠	P370126011	商河沙果	济南市商河县	山东省
海棠	P370117027	黄家洼海棠	济南市钢城区	山东省
苹果	P370116014	苹果近缘种	济南市莱芜区	山东省
茶树	P370113026	长清野茶树	济南市长清区	山东省
核桃	P370113031	长清山核桃	济南市长清区	山东省
核桃	P370117002	艾山老核桃	济南市钢城区	山东省
核桃	P370117008	钢城文玩核桃	济南市钢城区	山东省
板栗	P370116023	唐朝古板栗	济南市莱芜区	山东省
菊芋	P370125033	洋姜	济南市济阳区	山东省
水稻	P370125017	天禾一号	济南市济阳区	山东省
水稻	P370125018	原稻一号	济南市济阳区	山东省
大葱	P370126026	商河老香葱	济南市商河县	山东省
大葱	P370103048	宅科大葱	济南市市中区	山东省
高粱	P370126028	商河长葶穗	济南市商河县	山东省
辣椒	P370126015	灯笼挂辣椒	济南市商河县	山东省
辣椒	P370126025	商河锭秆子辣椒	济南市商河县	山东省
丝瓜	P370126016	商河短丝瓜	济南市商河县	山东省
丝瓜	P370126027	商河棒槌丝瓜	济南市商河县	山东省

（续表）

作物名称	统一编号	品种名称	资源采集地	省
瓠瓜	P370126017	商河瓠子	济南市商河县	山东省
胡萝卜	P370126018	商河小顶萝卜	济南市商河县	山东省
南瓜	P370126020	商河郝家吊瓜	济南市商河县	山东省
韭菜	P370126021	艾城子韭菜	济南市商河县	山东省
韭菜	P370104026	大金钩	济南市槐荫区	山东省
茄子	P370126022	罗家大红袍	济南市商河县	山东省
菠菜	P370126023	猪耳朵菠菜	济南市商河县	山东省
茴香	P370126024	商河扁秆茴香	济南市商河县	山东省
甜菜	P370126030	商河根长菜	济南市商河县	山东省
莴苣	P370126032	商河老生菜	济南市商河县	山东省
莴苣	P370126036	商河紫莴苣	济南市商河县	山东省
麦瓶草	P370126033	野生面叶菜	济南市商河县	山东省
麦瓶草	P370104034	面条菜	济南市槐荫区	山东省
芫荽	P370126035	商河实秆芫荽	济南市商河县	山东省
小豆	P370103031	石闸红小豆	济南市市中区	山东省
小豆	P370103039	斗母泉红小豆	济南市市中区	山东省
小豆	P370117015	北丈八丘红小豆	济南市钢城区	山东省
红麻	P370116026	红麻	济南市莱芜区	山东省
芹菜	P370116032	莱芜芹菜	济南市莱芜区	山东省
姜	P370116022	莱芜大姜	济南市莱芜区	山东省
姜	P370116029	莱芜小姜	济南市莱芜区	山东省
菊芋	P370117029	辛庄洋姜	济南市钢城区	山东省
核桃	P370105006	南郑核桃	济南市天桥区	山东省
核桃	P370105009	丁屯核桃	济南市天桥区	山东省
核桃	P370105029	三教村核桃	济南市天桥区	山东省
梨	P370104015	后周小梨	济南市槐荫区	山东省
梨	P370103007	泰山小白梨	济南市市中区	山东省
梨	P370103040	青桐山小黄梨	济南市市中区	山东省
梨	P370105031	包金梨	济南市天桥区	山东省
梨	P370125034	济阳魏家梨	济南市济阳区	山东省
杏	P370104006	森林公园杏	济南市槐荫区	山东省
杏	P370104010	济西湿地杏	济南市槐荫区	山东省
杏	P370181037	吧嗒杏	济南市章丘区	山东省
杏	P370103016	红荷包杏	济南市市中区	山东省

（续表）

作物名称	统一编号	品种名称	资源采集地	省
杏	P370103037	济丽红杏	济南市市中区	山东省
杏	P370103032	红尖杏	济南市市中区	山东省
杏	P370103033	树下等	济南市市中区	山东省
杏	P370103034	贡杏	济南市市中区	山东省
杏	P370103035	晚熟杏	济南市市中区	山东省
杏	P370103036	牛眼杏	济南市市中区	山东省
杏	P370126029	商河桃杏	济南市商河县	山东省
桑树	P370104033	铁桑	济南市槐荫区	山东省
桑树	P370103024	北桥野生桑	济南市市中区	山东省
桑树	P370105005	南郑桑树	济南市天桥区	山东省
石榴	P370104017	常旗屯石榴	济南市槐荫区	山东省
石榴	P370104025	大李石榴	济南市槐荫区	山东省
石榴	P370104032	石榴于	济南市槐荫区	山东省
石榴	P370105019	卢家村石榴	济南市天桥区	山东省
石榴	P370105023	八里村石榴	济南市天桥区	山东省
石榴	P370105025	齐家村石榴	济南市天桥区	山东省
软枣	P370105011	丁屯软枣	济南市天桥区	山东省
柿子	P370104018	常旗屯柿子	济南市槐荫区	山东省
柿子	P370104022	吴家堡柿子	济南市槐荫区	山东省
柿	P370112028	铁皮柿子	济南市历城区	山东省
桃	P370104007	森林公园桃	济南市槐荫区	山东省
桃	P370104029	桃小李	济南市槐荫区	山东省
桃	P370104030	小李桃	济南市槐荫区	山东省
桃	P370181012	章丘晚熟桃	济南市章丘区	山东省
桃	P370103025	红蟠桃	济南市市中区	山东省
桃	P370103026	早露桃	济南市市中区	山东省
桃	P370103043	小白油桃	济南市市中区	山东省
桃	P370105003	左庄野生桃	济南市天桥区	山东省
桃	P370105008	丁屯桃	济南市天桥区	山东省
苹果	P370104027	小李苹果	济南市槐荫区	山东省
苹果	P370104028	小李美苹	济南市槐荫区	山东省
苹果	P370104031	乔小李	济南市槐荫区	山东省
苹果	P370126031	沙河红	济南市商河县	山东省
苹果	P370105021	杨家村苹果	济南市天桥区	山东省

（续表）

作物名称	统一编号	品种名称	资源采集地	省
无花果	P370104019	常奶奶无花果	济南市槐荫区	山东省
无花果	P370104021	美女果	济南市槐荫区	山东省
无花果	P370104024	桃园果	济南市槐荫区	山东省
葡萄	P370103022	玫瑰牛奶	济南市市中区	山东省
枣	P370103012	脆酸枣	济南市市中区	山东省
枣	P370104012	高科枣	济南市槐荫区	山东省
枣	P370104020	刘堂小枣	济南市槐荫区	山东省
枣	P370105002	怀庄枣	济南市天桥区	山东省
枣	P370105007	石门孙枣	济南市天桥区	山东省
枣	P370105010	丁屯枣	济南市天桥区	山东省
枣	P370105020	杨家村枣	济南市天桥区	山东省
枣	P370105027	耿庄枣	济南市天桥区	山东省
枣	P370105028	怀庄枣	济南市天桥区	山东省
枣	P370105030	龙盘枣	济南市天桥区	山东省
枣	P370105032	石门孙牛奶子枣	济南市天桥区	山东省
枣	P370125035	济阳冯家大枣	济南市济阳区	山东省
枣	P370126013	商河无核躺枣	济南市商河县	山东省
枣	P370126014	商河躺枣	济南市商河县	山东省
枣	P370126019	商河铜铃枣	济南市商河县	山东省
莲	P370104001	大窝龙	济南市槐荫区	山东省
莲	P370104009	济西湿地莲	济南市槐荫区	山东省
蒲菜	P370104016	棉张香蒲	济南市槐荫区	山东省
莲	P370113014	长清白莲藕	济南市长清区	山东省
莲	P370125031	济阳浅水藕	济南市济阳区	山东省
大葱	p370103052	宅科甜葱	济南市市中区	山东省
小豆	P370103049	石匣小红豆	济南市市中区	山东省
谷子	P370103051	石匣黑谷子	济南市市中区	山东省
芝麻	P370103050	石匣芝麻	济南市市中区	山东省
小麦	P370105033	泉泰黑小麦	济南市天桥区	山东省
野生大豆	P370105034	野生黑豆	济南市天桥区	山东省
葡萄	P370103027	六月紫	济南市市中区	山东省
梨	P370126037	小梨果	济南市商河县	山东省

附录四

济南市"第三次全国农作物种质资源普查与收集"普查表
（部分表格）

市中区

"第三次全国农作物种质资源普查与收集"普查表
（1956年）

| 填表人： | 李芳 | 日期： | 2020 | 年 | 10 | 月 | 9 | 日 | 联系电话： | |

一、1956年基本情况

（一）县名

| 市中区 |

（二）历史沿革（名称、地域、区划变化）

| 1948年9月24日济南解放后称第五区。
1954年改称第四区。
1955年9月济南市简编缩制设五大行政区，因地处济南市中心始称市中区。 |

（三）行政区划

| 县辖： | | 个乡/镇 | | 个村 | 县城所在地： | |

（四）地理系统

| 海拔范围 | | ~ | | 米 | 经度范围 | | ° ~ | | ° |
| 纬度范围 | ° ~ | | ° | 年均气温 | | ℃, 年均降水量 | | 毫米 |

（五）人口及民族状况

总人口数：		万人	其中农业人口：		万人
少数民族数量：	6	个，其中人口总数排名前10的民族信息：			
民族	回族	人口：		万人，民族	满族	人口：		万人
民族	蒙古族	人口：		万人，民族	朝鲜族	人口：		万人
民族	土家族	人口：		万人，民族	壮族	人口：		万人
民族		人口：		万人，民族		人口：		万人
民族		人口：		万人，民族		人口：		万人

（六）土地状况

县总面积：		平方千米	耕地面积：		万亩
草场面积：		万亩	林地面积：		万亩
湿地（滩涂）面积：		万亩	水域面积：		万亩

（七）经济状况

生产总值：		万元，工业总产值：		万元
农业总产值：		万元，粮食总产值：		万元
经济作物总产值：		万元，畜牧业总产值：		万元
水产总产值：		万元，人均收入：		元

（续表）

（八）受教育情况					
高等教育：		%	中等教育：		%
初等教育：		%	未受教育：		%

（九）特有资源及利用情况

无

（十）当前农业生产存在的主要问题

无

（十一）总体生态环境自我评价

良	（优、良、中、差）

（十二）总体生活状况（质量）自我评价

良	（优、良、中、差）

（十三）其他

本表未填写部分由于20世纪80年代末郊区撤销，相关数据未记载。

"第三次全国农作物种质资源普查与收集"普查表
（1981年）

填表人：	李芳	日期：	2020	年	10	月	9	日	联系电话：	

一、1981年基本情况

（一）县名

市中区

（二）历史沿革（名称、地域、区划变化）

1948年9月24日济南解放后称第五区。 1954年改称第四区。 1955年9月济南市简编缩制设五大行政区，因地处济南市中心始称市中区。 1959年12月济南市增设东区，撤销市中区。 1960年6月市东区改名郊区，恢复市中区建制，改称市中区城市人民公社。 1966年7月"文化大革命"时期改名红旗区。 1973年7月恢复市中区，辖11个街道。

（三）行政区划

县辖	14	个乡/镇	171	个村	县城所在地：	

（四）地理系统

海拔范围		~		米	经度范围	°	~		°
纬度范围	°	~		°	年均气温	℃，年均降水量			毫米

（五）人口及民族状况

总人口数：		57.214 1	万人	其中农业人口：			万人
少数民族数量：		6	个，其中人口总数排名前10的民族信息：				
民族	回族	人口：		万人，民族	满族	人口：	万人
民族	蒙古族	人口：		万人，民族	朝鲜族	人口：	万人
民族	土家族	人口：		万人，民族	壮族	人口：	万人
民族		人口：		万人，民族		人口：	万人
民族		人口：		万人，民族		人口：	万人

（续表）

（六）土地状况

县总面积：	13	平方千米	耕地面积：	万亩
草场面积：		万亩	林地面积：	万亩
湿地（滩涂）面积：		万亩	水域面积：	万亩

（七）经济状况

生产总值：		万元，工业总产值：	万元
农业总产值：		万元，粮食总产值：	万元
经济作物总产值：		万元，畜牧业总产值：	万元
水产总产值：		万元，人均收入：	元

（八）受教育情况

高等教育：	%	中等教育：	%
初等教育：	%	未受教育：	%

（九）特有资源及利用情况

无

（十）当前农业生产存在的主要问题

无

（十一）总体生态环境自我评价

良	（优、良、中、差）

（十二）总体生活状况（质量）自我评价

优	（优、良、中、差）

（十三）其他

已填写数据来源于360百科。20世纪80年代末郊区取消，因此本表未填部分无数据记载。

"第三次全国农作物种质资源普查与收集"普查表
（2014年）

填表人：	李芳	日期：	2020	年	10	月	9	日	联系电话：	

一、2014年基本情况

（一）县名

市中区

（二）历史沿革（名称、地域、区划变化）

1994年12月增设王官庄街道办事处；撤销西青龙街和共青团路两个街道办事处，设立泺源街道办事处。1997年辖区内下设经二路、馆驿街、魏家庄、大观园、岔路街、经七路、杆石桥、四里村、泺源、六里山、七里山、舜玉路、玉函路、二七新村、王官庄和七贤镇等15个街道、1个镇。

1999年，原历城区十六里河镇划入。

2000年1月，原历城区党家庄镇划入。

2001年5月经二路街道并入大观园街道；馆驿街街道并入魏家庄街道；经七路街道和岔路街街道并入杆石桥街道；撤销玉函路街道，其辖区分别并入四里村街道和舜玉路街道。

2001年7月撤销七贤镇，以其行政区域设立舜耕、白马山、七贤3个街道。

2001年辖区内下设四里村、大观园、杆石桥、魏家庄、泺源、六里山、二七新村、七里山、舜玉、舜耕、王官庄、白马山、七贤等13个街道和党家庄镇、十六里河镇。

（续表）

> 2007年5月撤销十六里河镇和党家庄镇，以原两镇行政区域设立十六里河街道、兴隆街道、党家街道和陡沟街道，至此辖区下设四里村、大观园、杆石桥、魏家庄、泺源、六里山、二七新村、七里山、舜玉、舜耕、王官庄、白马山、七贤、十六里河和党家，共辖13个街道。

（三）行政区划

| 县辖： | 17 | 个乡/镇 | 122 | 个村 | 县城所在地： | |

（四）地理系统

海拔范围	89	~	754.7	米	经度范围	116.54	°	~	117.02	°
纬度范围	36.35	°	~	36.40	°	年均气温	14.8	℃，	年均降水量	592.5	毫米

（五）人口及民族状况

总人口数：	61	万人	其中农业人口：		0	万人
少数民族数量：	6	个，其中人口总数排名前10的民族信息：				
民族：	回族	人口：	万人，	民族：	满族	人口：	万人
民族：	蒙古族	人口：	万人，	民族：	朝鲜族	人口：	万人
民族：	土家族	人口：	万人，	民族：	壮族	人口：	万人
民族：		人口：	万人，	民族：		人口：	万人
民族：		人口：	万人，	民族：		人口：	万人

（六）土地状况

县总面积：	281.5	平方千米	耕地面积：	8.376 8	万亩
草场面积：	6.272 3	万亩	林地面积：	5.634 0	万亩
湿地（滩涂）面积：	0	万亩	水域面积：	0.542 1	万亩

（七）经济状况

生产总值：	6 818 000	万元，	工业总产值	3 521 800	万元
农业总产值：	62 190	万元，	粮食总产值：		万元
经济作物总产值：		万元，	畜牧业总产值：	5 541.525	万元
水产总产值：		万元，	人均收入：	34 300	元

（八）受教育情况

高等教育	14	%	中等教育：	35	%
初等教育	50	%	未受教育	1	%

（九）特有资源及利用情况

无

（十）当前农业生产存在的主要问题

无

（十一）总体生态环境自我评价

良	（优、良、中、差）

（十二）总体生活状况（质量）自我评价

优	（优、良、中、差）

（十三）其他

本表已填写数据来源于区统计局区年鉴、360百科及老农民、农业农村局老同事。

（续表）

二、2014年全县种植的粮食作物情况

作物名称	种植面积（亩）	种植品种数目								具有保健、药用、工艺品、宗教等特殊用途品种		
		地方品种				培育品种				名称	用途	单产（千克/亩）
		数目	代表性品种			数目	代表性品种					
			名称	面积（亩）	单产（千克/亩）		名称	面积（亩）	单产（千克/亩）			
小麦	46 005					3	济麦22	22 220	450			
							山农25	18 402	450			
							良星77	5 383	450			
玉米	47 490					2	郑单958	39 320	500			
							登海605	8 170	500			

三、2014年全县种植的油料、蔬菜、果树、茶、桑、棉麻等主要经济作物情况

作物名称	种植面积（亩）	种植品种数目								具有保健、药用、工艺品、宗教等特殊用途品种			作物种类
		地方或野生品种				培育品种				名称	用途	单产（千克/亩）	
		数目	代表性品种			数目	代表性品种						
			名称	面积（亩）	单产（千克/亩）		名称	面积（亩）	单产（千克/亩）				
大白菜	2 490					1	天津绿	2 490	5 000				蔬菜
杏	1 742.6					2	红荷包	1 000	1 000				果树
							济丽红	742.6	1 100				
番茄	1 005						华盾	500	1 000				蔬菜
							天耀	505					
核桃	1 742.6	1	市中区核桃	1 742.6	400								果树
苹果	307.3					1	红富士	307.3	400				果树
桃	307					2	早露桃	150	400				果树
							红蟠桃	157	500				

槐荫区

"第三次全国农作物种质资源普查与收集"普查表
（1956年）

| 填表人： | 张塱瀛 | 日期： | 2020 | 年 | 11 | 月 | 9 | 日 | 联系电话： | |

一、1956年基本情况

（一）县名

| 槐荫区 |

（二）历史沿革（名称、地域、区划变化）

| 1951年1月，改为第六区。1952年12月，建立7个居民委员会；1954年12月，7个居民委员会分别改为街道办事处。1955年9月，始称槐荫区，辖经三路、西市场、中大槐树、道德街、振兴街、营市街、北大槐树7个街道。 |

（三）行政区划

| 县辖： | | 个乡/镇 | | 个村 | 县城所在地： | 济南市城区西南部 |

（四）地理系统

海拔范围		~		米	经度范围		°	~		°
纬度范围	°	~		°	年均气温		℃，年均降水量			毫米

（五）人口及民族状况

总人口数：	10.694 5	万人	其中农业人口：			万人
少数民族数量：		个，其中人口总数排名前10的民族信息：				
民族：	人口：		万人，民族：		人口：		万人
民族：	人口：		万人，民族：		人口：		万人
民族：	人口：		万人，民族：		人口：		万人
民族：	人口：		万人，民族：		人口：		万人
民族：	人口：		万人，民族：		人口：		万人

（六）土地状况

县总面积：		平方千米	耕地面积：		万亩
草场面积：		万亩	林地面积：		万亩
湿地（滩涂）面积：		万亩	水域面积：		万亩

（七）经济状况

生产总值：		万元，工业总产值：		万元
农业总产值：		万元，粮食总产值：		万元
经济作物总产值：		万元，畜牧业总产值：		万元
水产总产值：		万元，人均收入：		元

（八）受教育情况

高等教育：		%	中等教育：		%
初等教育：		%	未受教育：		%

（九）特有资源及利用情况

| 无 |

（十）当前农业生产存在的主要问题

| 无 |

（续表）

（十一）总体生态环境自我评价	
良	（优、良、中、差）
（十二）总体生活状况（质量）自我评价	
良	（优、良、中、差）
（十三）其他	
填报数据，查找1953年相关数据填报；未填报数据，确实无相关数据记载。	

"第三次全国农作物种质资源普查与收集"普查表
（1981年）

填表人：	张塈瀛	日期：	2020	年	11	月	9	日	联系电话：	

一、1981年基本情况

（一）县名

槐荫区

（二）历史沿革（名称、地域、区划变化）

1951年1月，改为第六区。1952年12月，建立7个居民委员会；1954年12月，7个居民委员会分别改为街道办事处。1955年9月，始称槐荫区，辖经三路、西市场、中大槐树、道德街、振兴街、营市街、北大槐树7个街道。1959年12月，原属市中区的8个街道划归槐荫区，全区辖15个街道。1960年5月成立槐荫人民公社，下辖11个分社；同年6月，7个分社划归市中区；同时，历城县西郊人民公社及南郊人民公社部分地区划入，增设1个分社。1962年6月，调整为9个分社。1963年各分社改称街道。1966年8月，改称东风区。1973年7月，复称槐荫区。1978年9月，历城县的两个生产大队划入。1979年9月增设南辛庄街道。

（三）行政区划

县辖：		个乡/镇		个村	县城所在地：	济南市城区西南部

（四）地理系统

海拔范围		~		米	经度范围		° ~		°
纬度范围	° ~		°		年均气温	℃，年均降水量			毫米

（五）人口及民族状况

总人口数：	20.259 8	万人	其中农业人口：			万人
少数民族数量：	12	个，其中人口总数排名前10的民族信息：				
民族：	回族	人口：	0.597 3	万人，民族：	满族	人口：	0.012 6	万人
民族：	壮族	人口：	0.002 4	万人，民族：	蒙古族	人口：	0.002 4	万人
民族：	朝鲜族	人口：	0.000 7	万人，民族：	苗族	人口：	0.000 5	万人
民族：	布依族	人口：	0.000 4	万人，民族：	土家族	人口：	0.000 4	万人
民族：	锡伯族	人口：	0.000 3	万人，民族：	仫佬族	人口：	0.000 2	万人

（六）土地状况

县总面积：		平方千米	耕地面积：		万亩
草场面积：		万亩	林地面积：		万亩
湿地（滩涂）面积：		万亩	水域面积：		万亩

（续表）

（七）经济状况

生产总值：		万元，工业总产值：		万元
农业总产值：		万元，粮食总产值：		万元
经济作物总产值：		万元，畜牧业总产值：		万元
水产总产值：		万元，人均收入：		元

（八）受教育情况

高等教育：	2	%	中等教育：	54	%
初等教育：	24	%	未受教育：	20	%

（九）特有资源及利用情况

无

（十）当前农业生产存在的主要问题

无

（十一）总体生态环境自我评价

良	（优、良、中、差）

（十二）总体生活状况（质量）自我评价

良	（优、良、中、差）

（十三）其他

少数民族情况、受教育情况为1982年相关数据；未填报数据，确实无相关数据记载。

"第三次全国农作物种质资源普查与收集"普查表
（2014年）

填表人：	张璺瀛	日期：	2020	年	11	月	9	日	联系电话：	

一、2014年基本情况

（一）县名

槐荫区

（二）历史沿革（名称、地域、区划变化）

1951年1月，改为第六区。1952年12月，建立7个居民委员会；1954年12月，7个居民委员会分别改为街道。1955年9月，始称槐荫区，辖经三路、西市场、中大槐树、道德街、振兴街、营市街、北大槐树7个街道。1959年12月，原属市中区的8个街道划归槐荫区，全区辖15个街道。1960年5月成立槐荫人民公社，下辖11个分社；同年6月，7个分社划归市中区；同时，历城县西郊人民公社及南郊人民公社部分地区划入，增设1个分社。1962年6月，调整为9个分社。1963年各分社改称街道。1966年8月，改称东风区。1973年7月，复称槐荫区。1978年9月，历城县的两个生产大队划入。1979年9月增设南辛庄街道。至1985年底，全区辖经三路、西市场、中大槐树、道德街、振兴街、营市街、北大槐树、五里沟、青年公园、南辛庄10个街道，共106个居委会。

（三）行政区划

县辖：	16	个乡/镇	93	个村	县城所在地：	济南市城区西南部

（续表）

（四）地理系统

海拔范围	26	~	111	米	经度范围	116.47	°	~	116.59	°
纬度范围	36.37	°	~	36.45	°	年均气温	14.2	℃，年均降水量	685	毫米

（五）人口及民族状况

总人口数：	39.534 7	万人	其中农业人口：	11.756 0		万人
少数民族数量：	28	个，其中人口总数排名前10的民族信息：				
民族：	人口：		万人，民族：		人口：	万人
民族：	人口：		万人，民族：		人口：	万人
民族：	人口：		万人，民族：		人口：	万人
民族：	人口：		万人，民族：		人口：	万人
民族：	人口：		万人，民族：		人口：	万人

（六）土地状况

县总面积：	151.61	平方千米	耕地面积：	4.89	万亩
草场面积：	0.17	万亩	林地面积：	0.64	万亩
湿地（滩涂）面积：		万亩	水域面积：	3.93	万亩

（七）经济状况

生产总值：	3 871 000	万元，工业总产值：	1 662 701	万元
农业总产值：		万元，粮食总产值：	4 287	万元
经济作物总产值：	25 000	万元，畜牧业总产值：	16 218	万元
水产总产值：	7 275	万元，人均收入：	39 347.8	元

（八）受教育情况

高等教育：		%	中等教育：		%
初等教育：		%	未受教育：		%

（九）特有资源及利用情况

无

（十）当前农业生产存在的主要问题

无

（十一）总体生态环境自我评价

良	（优、良、中、差）

（十二）总体生活状况（质量）自我评价

良	（优、良、中、差）

（十三）其他

未填报数据，确实无相关数据记载。

（续表）

二、2014年全县种植的粮食作物情况

作物名称	种植面积（亩）	种植品种数目								具有保健、药用、工艺品、宗教等特殊用途品种		
		地方品种				培育品种				名称	用途	单产（千克/亩）
		数目	代表性品种			数目	代表性品种					
			名称	面积（亩）	单产（千克/亩）		名称	面积（亩）	单产（千克/亩）			
小麦	25 000					2	济麦22	19 149	550			
							鲁原202	5 851	550			
玉米	15 798					2	郑单958	11 000	600			
							登海605	4 798	650			
水稻	11 006	1	京引119	5 846	250	2	圣稻17	3 060	500			
							圣稻14	2 100	550			

三、2014年全县种植的油料、蔬菜、果树、茶、桑、棉麻等主要经济作物情况

作物名称	种植面积（亩）	种植品种数目								具有保健、药用、工艺品、宗教等特殊用途品种			作物种类
		地方或野生品种				培育品种				名称	用途	单产（千克/亩）	
		数目	代表性品种			数目	代表性品种						
			名称	面积（亩）	单产（千克/亩）		名称	面积（亩）	单产（千克/亩）				
莲	2 500	1	大洼龙	425	1 800	4	鄂莲4号	550	1 250				蔬菜
							鄂莲5号	550	1 350				
							鄂莲7号	625	2 450				
							鄂莲8号	350	2 800				
洋葱	500					2	富永4号	350	8 000				蔬菜
							富永6号	150	6 000				

天桥区

"第三次全国农作物种质资源普查与收集"普查表
（1956年）

填表人：	王浩	日期：	2021	年	1	月	22	日	联系电话：	

一、1956年基本情况

（一）县名

天桥区

（二）历史沿革（名称、地域、区划变化）

1948年9月，济南解放。1951年1月，济南市行政区划调整，天桥区的前身第四区设立，机关驻天桥东街36号。1955年9月，第四区改称天桥区，1956年7月，撤销泺源区，原属泺源区的制锦市街道、估衣市街街道部分街巷以及槐荫区所辖万盛街划归天桥区。

（三）行政区划

县辖：		个乡/镇		个村	县城所在地：	天桥东街

（四）地理系统

海拔范围	21	~	120.8	米	经度范围	116.93	°	~	117.05	°
纬度范围	36.67	° ~	36.75	°	年均气温	14.3	℃，年均降水量		520	毫米

（五）人口及民族状况

总人口数：	8.211 7	万人	其中农业人口：				万人
少数民族数量：		个，其中人口总数排名前10的民族信息：					
民族：	人口：	万人，民族：		人口：			万人
民族：	人口：	万人，民族：		人口：			万人
民族：	人口：	万人，民族：		人口：			万人
民族：	人口：	万人，民族：		人口：			万人
民族：	人口：	万人，民族：		人口：			万人

（六）土地状况

县总面积：		平方千米	耕地面积：	5.487	万亩
草场面积：		万亩	林地面积：		万亩
湿地（滩涂）面积：		万亩	水域面积：		万亩

（七）经济状况

生产总值：		万元，工业总产值：		万元
农业总产值：		万元，粮食总产值：		万元
经济作物总产值：		万元，畜牧业总产值：		万元
水产总产值：		万元，人均收入：		元

（八）受教育情况

高等教育：		%	中等教育：		%
初等教育：		%	未受教育：		%

（九）特有资源及利用情况

无

（十）当前农业生产存在的主要问题

无

（续表）

（十一）总体生态环境自我评价	
良	（优、良、中、差）

（十二）总体生活状况（质量）自我评价	
良	（优、良、中、差）

（十三）其他

备注：（表一）对于此表中第三、五、六、七、八项中的内容确实无相关数据记载，并且相关的工作人员也无法给出数据；（表二）从济南市天桥区图书馆藏《天桥区地方志》只能查到所列粮食作物的种类和种植面积，无法查询到更详细的数据，单产是通过总产量反推出来的；（表三）从济南市天桥区图书馆藏《天桥区地方志》只能查到所列蔬菜品种大类的种植面积，无法查询到更详细的数据，地方品种的作物产量数据是来自经验丰富的农民。

二、1956年全县种植的粮食作物情况

作物名称	种植面积（亩）	种植品种数目									具有保健、药用、工艺品、宗教等特殊用途品种		
		地方品种				培育品种					名称	用途	单产（千克/亩）
		数目	代表性品种			数目	代表性品种						
			名称	面积（亩）	单产（千克/亩）		名称	面积（亩）	单产（千克/亩）				
小麦	22 360	3	红秃头	11 180	81								
			大白芒	6 708	80								
			蝼蛄腚	4 472	81								
水稻	2 290	2	叶里藏	1 145	238								
			大青楷	1 145	238								
玉米	5 500	2	小粒红	4 400	80								
			金黄后	1 100	80								
马铃薯	824	1	天桥区马铃薯	824	2 000								

三、1956年全县种植的油料、蔬菜、果树、茶、桑、棉麻等主要经济作物情况

作物名称	种植面积（亩）	种植品种数目									具有保健、药用、工艺品、宗教等特殊用途品种			作物种类
		地方或野生品种				培育品种					名称	用途	单产（千克/亩）	
		数目	代表性品种			数目	代表性品种							
			名称	面积（亩）	单产（千克/亩）		名称	面积（亩）	单产（千克/亩）					
萝卜	1 420	1	天桥区萝卜	1 420	1 500									蔬菜
韭菜	993	1	天桥区韭菜	993	1 000									蔬菜

（续表）

作物名称	种植面积（亩）	种植品种数目								具有保健、药用、工艺品、宗教等特殊用途品种			作物种类
		地方或野生品种				培育品种				名称	用途	单产（千克/亩）	
		数目	代表性品种			数目	代表性品种						
			名称	面积（亩）	单产（千克/亩）		名称	面积（亩）	单产（千克/亩）				
芹菜	464	1	天桥区芹菜	464	1 000								蔬菜
黄瓜	375	1	天桥区黄瓜	375	1 000								蔬菜
茄子	632	1	天桥区茄子	632	1 500								蔬菜
菜豆	841	1	天桥区菜豆	841	1 000								蔬菜
球茎甘蓝	195	1	天桥区球茎甘蓝	195	1 000								蔬菜
大蒜	320	1	天桥区大蒜	320	1 000								蔬菜
菠菜	736	1	天桥区菠菜	736	800								蔬菜

"第三次全国农作物种质资源普查与收集"普查表
（1981年）

| 填表人： | 王浩 | 日期： | 2021 | 年 | 1 | 月 | 22 | 日 | 联系电话： | |

一、1981年基本情况

（一）县名　　天桥区

（二）历史沿革（名称、地域、区划变化）

1948年9月，济南解放。1951年1月，济南市行政区划调整，天桥区的前身第四区设立，机关驻天桥东街36号。1955年9月，第四区改称天桥区，1956年7月，撤销泺源区，原属泺源区的制锦市街道、估衣市街街道部分街巷以及槐荫区所辖万盛街划归天桥。1966年9月，天桥区改称为向阳区；1973年7月，向阳区复称天桥区。1980年4月济南市复设郊区，北园人民公社归郊区领辖。

（三）行政区划

| 县辖 | 12 | 个乡/镇 | | 个村 | 县城所在地： | |

（四）地理系统

| 海拔范围 | 21 | ~ | 120.8 | 米 | 经度范围 | 116.93 | ° | ~ | 117.05 | ° |
| 纬度范围 | 36.67 | ° | ~ | 36.75 | ° | 年均气温 | 14.3 | ℃，年均降水量 | 520 | 毫米 |

（五）人口及民族状况

总人口数：	28.347 1	万人	其中农业人口：		万人	
少数民族数量：	11	个，其中人口总数排名前10的民族信息：				
民族：	回族	人口：	0.849 1	万人，民族：	满族	人口：	0.017 9	万人
民族：	苗族	人口：	0.006 6	万人，民族：	蒙古族	人口：	0.001 7	万人
民族：	朝鲜族	人口：	0.001 5	万人，民族：	侗族	人口：	0.001 3	万人
民族：	维吾尔族	人口：	0.000 6	万人，民族：	壮族	人口：	0.000 6	万人
民族：	白族	人口：	0.000 4	万人，民族：	藏族	人口：	0.000 1	万人

（续表）

（六）土地状况

县总面积：	73.31	平方千米	耕地面积：	2.7	万亩
草场面积：		万亩	林地面积：		万亩
湿地（滩涂）面积：		万亩	水域面积：		万亩

（七）经济状况

生产总值：		万元，工业总产值：	5 405.54	万元
农业总产值：	754	万元，粮食总产值：		万元
经济作物总产值：		万元，畜牧业总产值：		万元
水产总产值：		万元，人均收入：		元

（八）受教育情况

高等教育：		%	中等教育：		%
初等教育：		%	未受教育：		%

（九）特有资源及利用情况

无

（十）当前农业生产存在的主要问题

无

（十一）总体生态环境自我评价

良	（优、良、中、差）

（十二）总体生活状况（质量）自我评价

良	（优、良、中、差）

（十三）其他

备注：（表一）对于此表中第六、七、八项中的内容确实无相关数据记载，并且相关的工作人员也无法给出数据；（表二）从济南市天桥区图书馆藏《天桥区地方志》只能查到所列粮食作物的种类和种植面积，无法查询到更详细的数据，单产是通过总产量反推出来的；（表三）从济南市天桥区图书馆藏《天桥区地方志》只能查到所列蔬菜品种大类的种植面积，无法查询到更详细的数据，地方品种的作物产量数据是来自经验丰富的农民。

二、1981年全县种植的粮食作物情况

作物名称	种植面积（亩）	种植品种数目								具有保健、药用、工艺品、宗教等特殊用途品种		
		地方品种				培育品种				名称	用途	单产（千克/亩）
		数目	代表性品种			数目	代表性品种					
			名称	面积（亩）	单产（千克/亩）		名称	面积（亩）	单产（千克/亩）			
小麦	14 850					3	泰山1号	7 425	247			
							济南13号	5 940	248			
							泰山10号	1 485	247			

（续表）

作物名称	种植面积（亩）	种植品种数目								具有保健、药用、工艺品、宗教等特殊用途品种		
		地方品种				培育品种				名称	用途	单产（千克/亩）
		数目	代表性品种			数目	代表性品种					
			名称	面积（亩）	单产（千克/亩）		名称	面积（亩）	单产（千克/亩）			
水稻	16 259					4	京引119	9 755	291			
							日本晴	3 251	291			
							徐稻	1 625	291			
							泗稻	1 628	291			
玉米	2 453					3	烟台14	1 227	195			
							鲁原单	613	195			
							中二交	613	195			
马铃薯	55	1	天桥区马铃薯	55	4 000							

三、1981年全县种植的油料、蔬菜、果树、茶、桑、棉麻等主要经济作物情况

作物名称	种植面积（亩）	种植品种数目								具有保健、药用、工艺品、宗教等特殊用途品种			作物种类
		地方或野生品种				培育品种				名称	用途	单产（千克/亩）	
		数目	代表性品种			数目	代表性品种						
			名称	面积（亩）	单产（千克/亩）		名称	面积（亩）	单产（千克/亩）				
萝卜	911	1	天桥区萝卜	911	2 000								蔬菜
韭菜	635	1	天桥区韭菜	635	1 500								蔬菜
芹菜	1 292	1	天桥区芹菜	1 292	1 500								蔬菜
黄瓜	610	1	天桥区黄瓜	610	1 800								蔬菜
茄子	842	1	天桥区茄子	842	2 000								蔬菜
菜豆	962	1	天桥区菜豆	962	1 800								蔬菜
球茎甘蓝	163	1	天桥区球茎甘蓝	163	2 000								蔬菜
大蒜	190	1	天桥区大蒜	190	2 000								蔬菜
菠菜	146	1	天桥区菠菜	146	1 200								蔬菜

"第三次全国农作物种质资源普查与收集"普查表
（2014年）

填表人：	王浩	日期：	2021	年	1	月	22	日	联系电话：	

一、2014年基本情况

（一）县名　　　　　　　　　　　　天桥区

（二）历史沿革（名称、地域、区划变化）

1948年9月，济南解放。1951年1月，济南市行政区划调整，天桥区的前身第四区设立，机关驻天桥东街36号。1955年9月，第四区改称天桥区，1956年7月，撤销泺源区，原属泺源区的制锦市街道、估衣市街街道部分街巷以及槐荫区所辖万盛街划归天桥区；1966年9月，天桥区改称为向阳区；1973年7月，向阳区复称天桥区。1985年7月，天桥区辖制锦市、刘家庄、北坦、陈家楼、纬北路、天桥东街、堤口路、宝华街、官扎营、无影山、工人新村北村、工人新村南村12个街道，121个居；9月，撤销郊区北园办事处和北园镇、泺口镇、药山乡，设立北园镇，辖47个行政村（94个自然村），8个居。1987年4月，撤销济南市郊区，原郊区所辖的北园镇划归天桥区。1989年12月，齐河县靳家乡、大王乡和桑梓店镇划归济南市历城区。1995年3月，撤销大王乡，设立大桥镇，以原大王乡行政区域为大桥镇行政区域。2000年1月，历城区所辖的大桥镇、桑梓店镇、靳家乡划归天桥区。

（三）行政区划

县辖	15	个乡/镇	262	个村	县城所在地：		无影山街道

（四）地理系统

海拔范围	21	~	120.8	米	经度范围	116.93	°	~	117.05	°
纬度范围	36.67	° ~	36.75	°	年均气温	14.5	℃，	年均降水量	521.4	毫米

（五）人口及民族状况

总人口数：		68.84	万人	其中农业人口：		9.09	万人
少数民族数量：		20	个，其中人口总数排名前10的民族信息：				
民族：	回族	人口：	1.404 7	万人，民族：	满族	人口：	0.042 1	万人
民族：	蒙古族	人口：	0.012 5	万人，民族：	朝鲜族	人口：	0.004 1	万人
民族：	土家族	人口：	0.003 5	万人，民族：	苗族	人口：	0.003 1	万人
民族：	侗族	人口：	0.001 1	万人，民族：	壮族	人口：	0.000 9	万人
民族：	撒拉族	人口：	0.000 9	万人，民族：	白族	人口：	0.000 8	万人

（六）土地状况

县总面积：	258.970 6	平方千米	耕地面积：	14.703 6	万亩
草场面积：	0.237 0	万亩	林地面积：	2.784 8	万亩
湿地（滩涂）面积：	0.243 7	万亩	水域面积：	5.561 4	万亩

（七）经济状况

生产总值：	4 322 100	万元，工业总产值：	1 240 500	万元
农业总产值：	39 940	万元，粮食总产值：	18 459	万元
经济作物总产值：	21 078	万元，畜牧业总产值：	27 586	万元
水产总产值：	2 061	万元，人均收入：	83 826	元

（八）受教育情况

高等教育：		%	中等教育：		%
初等教育：		%	未受教育：		%

（续表）

（九）特有资源及利用情况	
无	

（十）当前农业生产存在的主要问题	
无	

（十一）总体生态环境自我评价	
良	（优、良、中、差）

（十二）总体生活状况（质量）自我评价	
中	（优、良、中、差）

（十三）其他

备注：（表一）对于此表中第八项中的内容确实无相关数据记载，并且相关的工作人员也无法给出数据；（表二）从济南市天桥区图书馆藏《天桥区地方志》只能查到所列粮食作物的种类和种植面积，无法查询到更详细的数据，单产是通过总产量反推出来的；（表三）从济南市天桥区图书馆藏《天桥区地方志》只能查到所列蔬菜品种大类的种植面积以及品种的种类，无法查询到更详细的数据，地方品种和培育品种的作物产量数据是来自经验丰富的农民。

二、2014年全县种植的粮食作物情况

作物名称	种植面积（亩）	种植品种数目							具有保健、药用、工艺品、宗教等特殊用途品种		
		地方品种				培育品种			名称	用途	单产（千克/亩）
		数目	代表性品种			数目	代表性品种				
			名称	面积（亩）	单产（千克/亩）		名称	面积（亩）	单产（千克/亩）		
小麦	132 000					2	济麦22	72 000	600		
							山农15	60 000	550		
水稻	12 105					2	京引119	8 500	500		
							9407中晚熟香型粳稻	3 605	650		
玉米	86 775					3	郑单958	35 480	650		
							鲁单33	34 000	600		
							鲁单50	17 295	630		
大豆	2 040					2	农科6号	1 000	260		
							齐黄34号	1 040	300		

（续表）

三、2014年全县种植的油料、蔬菜、果树、茶、桑、棉麻等主要经济作物情况

作物名称	种植面积（亩）	种植品种数目								具有保健、药用、工艺品、宗教等特殊用途品种			作物种类
		地方或野生品种				培育品种							
		数目	代表性品种			数目	代表性品种			名称	用途	单产（千克/亩）	
			名称	面积（亩）	单产（千克/亩）		名称	面积（亩）	单产（千克/亩）				
棉花	990					1	鲁棉研27号	990	100				经济作物
萝卜	1 500					2	潍青2号	800	4 500				蔬菜
							鲁青8号	700	4 000				
大白菜	3 000					4	鲁白2号	800	3 000				蔬菜
							青杂5号	750	2 800				
							山东4号	900	3 200				
							天津绿	550	3 500				
芹菜	700					1	美国加州王	700	2 800				蔬菜
黄瓜	2 000					2	津青4号	800	4 500				蔬菜
							中农8号	1 200	4 600				
茄子	1 000					1	绿丰	1 000	4 500				蔬菜
叶用莴苣	620	3	小黑籽	200	1 200								蔬菜
			无籽	300	1 700								
			青球	120	1 500								
梨	55	1	天桥区梨	55	3 000								果树
葡萄	150	1	天桥区葡萄	150	1 500								果树
苹果	243	1	天桥区苹果	243	2 000								果树
桃	330	1	天桥区桃	330	2 000								果树

历城区

"第三次全国农作物种质资源普查与收集"普查表
（1956年）

填表人：	李树青	日期：	2020	年	9	月	9	日	联系电话：	

一、1956年基本情况

（一）县名

历城区

（二）历史沿革（名称、地域、区划变化）

1948年9月历城全境解放。时辖卧龙、柳埠、西营、东梧、邵而、泉泸、张马、董家、遥墙等9个区。共有579个村庄，330 802人。

1949年设城关区。泉泸区改称为兴隆区。历城县范围：北到大沙滩接章丘县境；南至长城岭临泰安县境；西至刘家林邻长清县境；东到河阳店与章丘县接壤。总面积1 400多平方千米。

1950年设10个区、115个乡（镇）。1954年章丘县十四区佛峪乡划入历城县。

1955年11月将115个乡（镇）调整为109个乡。

1955年11月将靠近济南市的七贤、土屋、姚家、窑头、祝辛、华山、张家等7个乡划归济南市。

1956年将102个乡合并为29个一般乡、9个集镇乡。

1956年章丘县的彩石、孙村、唐王3个区划入历城县。历城县大沙滩、小沙滩、幸福村划入章丘县。1957年划回。彩石区包括西彩石、神武、宅科、南泉、横岭、大龙堂、王庄子、虎门8个乡。孙村区包括孙村、卢家寨、西顿邱、小龙堂、埠东、山圈、鹊山、西卢、流海、武家、唐冶、庄科12个乡。唐王区包括唐王、韩家、朝阳、桥头、殷千户、娄家、老僧口、徐家、崔家9个乡。同年，章丘县平陵区的柿子园乡、和平乡划归历城县董家区。

1956年12月，将133个乡调整为80个乡。城关区辖大辛、堰头、王舍人、坝子等4个乡镇。遥墙区辖鸭旺口、遥墙、柴家、杨史道口、冯家等5个乡。唐王区辖唐王、老僧口、桥头、崔家等4个乡。董家区辖邢家、谢家、董家、石徐、袁家、吕家等6个乡。孙村区辖庄科、西卢、山圈、流海、西顿邱、卢家寨、小龙堂、唐冶、孙村等9个乡。彩石区辖神武、宅科、南泉、大龙堂、横岭、王庄子、虎门、西彩石等8个乡。港沟区辖潘田、胡家、孟家、港沟、东梧、潘龙、西坞、燕棚窝等8个乡。兴隆区辖泉泸、王家、兴隆、涝坡、康而等5个乡。邵而区辖东渴马、邵而、大涧沟、二仙、党家等5个乡。仲宫区辖峰山、草沟、仲宫、杨家、门牙、乐园、盛泉等7个乡。柳埠区辖亓城、窝铺、龙门、柳埠、蔡家、东石、黄巢、大会、突泉等9个乡。西营区辖枣林、南营、龙湾、商家、西营、红岭、大水井、九曲、大庄、大佛寺等10个乡。

（三）行政区划

县辖：	80	个乡/镇	958	个村	县城所在地：	王舍人村南

（四）地理系统

海拔范围	20	~	600	米	经度范围	116.49	°	~	117.22	°
纬度范围	36.20	°	~	36.53	°	年均气温	13.4	℃，年均降水量	698.6	毫米

（续表）

（五）人口及民族状况

总人口数：	44.27	万人	其中农业人口：	43.24	万人	

少数民族数量：	5	个，其中人口总数排名前10的民族信息：					

民族：	回族	人口：	0.529 7	万人，民族：	壮族	人口：	0.000 2	万人
民族：	满族	人口：	0.000 1	万人，民族：	藏族	人口：	0.000 1	万人
民族：	苗族	人口：	0.000 1	万人，民族：		人口：		万人
民族：		人口：		万人，民族：		人口：		万人
民族：		人口：		万人，民族：		人口：		万人

（六）土地状况

县总面积：	1 381.775 3	平方千米	耕地面积：	85.416 7	万亩
草场面积：	0	万亩	林地面积：	57.219 8	万亩
湿地（滩涂）面积：	2.114 4	万亩	水域面积：	0.775 5	万亩

（七）经济状况

生产总值：	131.7	万元，工业总产值：	10.6	万元
农业总产值：	38.9	万元，粮食总产值：	28.7	万元
经济作物总产值：	6.9	万元，畜牧业总产值：	2.3	万元
水产总产值：	1	万元，人均收入：	47	元

（八）受教育情况

高等教育：	0.044	%	中等教育：	0.464	%
初等教育：	30.5	%	未受教育：	68.99	%

（九）特有资源及利用情况

无

（十）当前农业生产存在的主要问题

生产力水平低下，新品种、新技术利用率低，资源得不到利用。

（十一）总体生态环境自我评价

良	（优、良、中、差）

（十二）总体生活状况（质量）自我评价

差	（优、良、中、差）

（十三）其他

无

（续表）

二、1956年全县种植的粮食作物情况

作物名称	种植面积（亩）	地方品种 数目	代表性品种 名称	面积（亩）	单产（千克/亩）	培育品种 数目	代表性品种 名称	面积（亩）	单产（千克/亩）	名称	用途	单产（千克/亩）
小麦	493 526	2	蚰子麦	103 400	70	2	碧蚂1号	201 000	76			
			辉县红	35 126	80		碧蚂4号	154 000	74			
玉米	241 788					3	坊杂4号	50 000	102			
							齐玉20	51 788	110			
							坊杂2号	140 000	100			
甘薯	179 919					1	胜利百号	179 919	202.5			
谷子	270 923	3	阴天旱	100 000	115							
			柳条青	100 000	121							
			金线子	70 923	130							
大豆	150 836	1	大黄豆	75 418	78	1	平顶黄	75 418	80.75			

三、1956年全县种植的油料、蔬菜、果树、茶、桑、棉麻等主要经济作物情况

作物名称	种植面积（亩）	地方或野生品种 数目	代表性品种 名称	面积（亩）	单产（千克/亩）	培育品种 数目	代表性品种 名称	面积（亩）	单产（千克/亩）	名称	用途	单产（千克/亩）	作物种类
大白菜	2 000	1	小根白菜	2 000	3 000								蔬菜
苹果	5 000					4	金帅	1 500	1 000				果树
							青香蕉	1 000	1 000				
							元帅	1 000	1 100				
							国光	1 500	1 100				
樱桃	1 000	1	泰山樱桃	1 000	400								果树

（续表）

作物名称	种植面积（亩）	种植品种数目								具有保健、药用、工艺品、宗教等特殊用途品种			作物种类
		地方或野生品种				培育品种							
		数目	代表性品种			数目	代表性品种			名称	用途	单产（千克/亩）	
			名称	面积（亩）	单产（千克/亩）		名称	面积（亩）	单产（千克/亩）				
板栗	2 000	1	红光栗	2 000	900								果树
梨	500	1	泰山白梨	500	800								果树
核桃	500	1	鸡爪棉	500	300								果树
棉花	30 399	1	历城棉花	30 399	73.8								经济作物
花生	28 093	1	一窝猴	28 093	145.4								经济作物

"第三次全国农作物种质资源普查与收集"普查表
（1981年）

| 填表人： | 李树青 | 日期： | 2020 | 年 | 8 | 月 | 19 | 日 | 联系电话： | |

一、1981年基本情况

（一）县名 历城区

（二）历史沿革（名称、地域、区划变化）

1957年撤区并乡。全县划为20个乡：王舍人、坝子、鸭旺口、唐王、董家、孙村、大龙堂、邢村、东梧、胡家、兴隆、邵而、泉泸、仲宫、柳埠、西营、窝铺、突泉、商家、高而。

1958年历城县划归济南市管辖，济南市郊区撤销建制。原济南市郊区8个乡（镇）：峨嵋山乡、北园乡、段店乡、药山乡、千佛山乡、华山乡、腊山乡、泺口镇划入历城县。

1958年9月成立人民公社，撤销乡建制，成立政社合一的10个人民公社：东郊、西郊、南郊、北园、平原、港沟、红旗、仲宫、柳埠、绣川公社。下辖132个管理区、1 042个自然村。

1958年从长清县划入大杨庄、担山屯、宋家庄等44个村，从齐河县划入梅花山村、山东村、山西村、月牙坝村。县境东北起自大沙滩；南到十八盘；东至山张庄；西到北店子；北至黄河以北梅花山村，与齐河县相接。总面积1 842平方千米。

1959年10月长清县的许寺、归德、万德、石麟、张夏5个公社划入历城县。

1960年6月将历城东郊、西郊、北园公社及南郊公社的一部分地区划入济南市。7月将平原、港沟公社的一部分划入济南市。

1961年6月长清县划入历城的5个公社划归长清县。由济南市管辖的东郊、西郊、北园人民公社和南郊、平原、港沟公社的一部分划归历城县。

1961年7月全县划为4个区，10个公社改为54个公社。东郊区包括东郊、王舍人、牛旺、坝子、韩仓、窑头、华山、卧牛、八里洼、兴隆、涝坡、港沟、东梧、章灵丘、章锦、邢村等16处公社。西郊区包括金庄、七贤、无影山、泺口、郑庄、鹊山、吴家堡、王庄、

（续表）

东方红、北园、段店、牛庄等12处公社。仲宫区包括仲宫、高而、柳埠、邵而、枣林、大庄、商家、渴马、朱家、龙湾、西营、平坊、二仙、泉泸、张家等15处公社。董家区包括董家、温家、娄家、白谷堆、孙村、大龙堂、彩石、西顿邱、唐王、遥墙、鸭旺口等11处公社。同年11月又把4个区改为10个区。

1962年3月改54处公社为61处公社。原柳埠公社分为柳埠、龙门、窝铺、刘家、突泉5个公社。原北园公社分为北园、新城2个公社。原吴家堡公社分为吴家堡、西沙2个公社。新增西郊区田庄公社。

1963年5月10个区调整为11个区，61处公社调整为80处公社。新增邵而区，新划冷水沟、祝甸、孟家、菜市、药山、耿家、河套、杨史道口、崔家、坝子、谢家、滩头、庄科、宅科、西坞、邱家、高而、张家、邵而、郑家、涝坡、兴隆、二仙、渴马、十六里河、亓城、黄巢、南营、大水井等29处公社。

1965年全县调整为12个区、76处公社。辖1 254个自然村和街道。

1968年7月撤区。全县合并为17处公社。1973年5月，增建高而公社。1976年2月，增建锦绣川公社。即东郊、西郊、英雄山、北园、吴家堡、华山、姚家、遥墙、唐王、董家、孙村、大龙堂、邵而、仲宫、柳埠、西营、港沟、高而、锦绣川等19处公社。全县总面积1 900平方千米。

1980年4月重建济南市郊区。将历城东郊、西郊、北园、吴家堡、华山、姚家6处公社和邵而公社的4个大队，英雄山公社的13个大队划归郊区。历城辖遥墙、唐王、董家、港沟、孙村、大龙堂、邵而、英雄山、仲宫、锦绣川、高而、西营、柳埠等13处公社、846个自然村。全县总面积1 381.8平方千米。

（三）行政区划

县辖：	13	个乡/镇	846	个村	县城所在地：		洪家楼

（四）地理系统

海拔范围	20	~	600	米	经度范围	116.49	°	~	117.22	°
纬度范围	36.20	°	~	36.53	°	年均气温	13.4	℃，	年均降水量	698.6	毫米

（五）人口及民族状况

总人口数：		61.330 9	万人	其中农业人口：		58.389 5		万人
少数民族数量：		6	个，其中人口总数排名前10的民族信息：					
民族：	回族	人口：	0.823 7	万人，民族	壮族	人口：	0.000 6	万人
民族：	满族	人口：	0.001 4	万人，民族	藏族	人口：	0.000 3	万人
民族：	朝鲜族	人口：	0.000 1	万人，民族	彝族	人口：	0.000 1	万人
民族：		人口：		万人，民族		人口：		万人
民族：		人口：		万人，民族		人口：		万人

（六）土地状况

县总面积：	1 381.8	平方千米	耕地面积：	68.587 6	万亩
草场面积：	0	万亩	林地面积：	30.736 5	万亩
湿地（滩涂）面积：	0	万亩	水域面积：	2.114 4	万亩

（续表）

（七）经济状况

生产总值：	18 758	万元，工业总产值：	3 347	万元	
农业总产值：	11 843	万元，粮食总产值：	4 940	万元	
经济作物总产值：	602	万元，畜牧业总产值：	1 429	万元	
水产总产值：	12	万元，人均收入：	126	元	

（八）受教育情况

高等教育：	0.13	%	中等教育：	6.49	%
初等教育：	65.3	%	未受教育：	28.08	%

（九）特有资源及利用情况

特有资源有玉龙雪桃、大货山楂、白莲藕、小根白菜等，其中玉龙雪桃未开发利用。

（十）当前农业生产存在的主要问题

农业新技术、新品种推广利用率低，农业产业化程度不高。

（十一）总体生态环境自我评价

良	（优、良、中、差）

（十二）总体生活状况（质量）自我评价

优	（优、良、中、差）

（十三）其他

无

二、1981年全县种植的粮食作物情况

作物名称	种植面积（亩）	地方品种 数目	地方品种 代表性品种 名称	地方品种 代表性品种 面积（亩）	地方品种 代表性品种 单产（千克/亩）	培育品种 数目	培育品种 代表性品种 名称	培育品种 代表性品种 面积（亩）	培育品种 代表性品种 单产（千克/亩）	具有保健、药用、工艺品、宗教等特殊用途品种 名称	具有保健、药用、工艺品、宗教等特殊用途品种 用途	具有保健、药用、工艺品、宗教等特殊用途品种 单产（千克/亩）
玉米	186 900					3	掖单2号	15 000	410			
							烟单14号	80 000	420			
							聊育5号	91 900	405			
水稻	37 100					2	日本晴	7 100	201.5			
							京引119	30 000	221.5			
小麦	394 500					3	济南13	120 000	310			
							辐63	150 000	320			
							鲁麦1号	124 500	350			
甘薯	156 400					2	徐薯18	140 000	239			
							北京553	16 400	196			

（续表）

作物名称	种植面积（亩）	种植品种数目								具有保健、药用、工艺品、宗教等特殊用途品种		
		地方品种				培育品种				名称	用途	单产（千克/亩）
		数目	代表性品种			数目	代表性品种					
			名称	面积（亩）	单产（千克/亩）		名称	面积（亩）	单产（千克/亩）			
大豆	27 600					2	向阳1号	17 600	191			
							齐黄1号	10 000	201			
谷子	46 100	4	阴天旱	8 000	150	2	鲁谷4	19 000	157.5			
			黑汉腿	6 000	139		鲁谷5	2 100	163			
			柳条青	5 000	139							
			江西谷	6 000	140							

三、1981年全县种植的油料、蔬菜、果树、茶、桑、棉麻等主要经济作物情况

作物名称	种植面积（亩）	种植品种数目								具有保健、药用、工艺品、宗教等特殊用途品种			作物种类
		地方或野生品种				培育品种				名称	用途	单产（千克/亩）	
		数目	代表性品种			数目	代表性品种						
			名称	面积（亩）	单产（千克/亩）		名称	面积（亩）	单产（千克/亩）				
花生	23 100					2	白沙1016	10 000	123				经济作物
							海花1号	13 100	123				
棉花	700					1	鲁棉1号	700	50				经济作物
大白菜	42 600	1	唐王小根	30 000	3 000	1	山东4号	12 600	4 500				蔬菜
苹果	3 200					3	金帅	1 000	2 500				果树
							国光	1 200	1 300				
							印度青	1 000	1 200				
梨	2 000					2	四季梨	1 000	2 600				果树
							白梨	1 000	2 400				
桃	1 000					3	六月鲜	500	2 000				果树
							大久保	300	2 400				
							玉龙雪桃	200	2 300				
樱桃	500					1	红灯	500	1 500				果树

"第三次全国农作物种质资源普查与收集"普查表
（2014年）

| 填表人： | 李树青 | 日期： | 2020 | 年 | 9 | 月 | 9 | 日 | 联系电话： | | 88013949 |

一、2014年基本情况

（一）县名

历城区

（二）历史沿革（名称、地域、区划变化）

1984年1月实行政社分开，建立乡镇政府。全县划为11个区：遥墙、唐王、董家、港沟、孙村、彩石、邵而、十六里河、仲宫、西营、柳埠。下辖54个乡（镇）：遥墙乡、杨史道口乡、东大郭乡、河套乡、鸭旺口乡、唐王乡、娄家乡、老僧口乡、崔家乡、董家镇、张而乡、温家乡、山头乡、港沟乡、章灵丘乡、邢村乡、章锦乡、西坞乡、东梧乡、孙村乡、西顿邱乡、西卢乡、白谷堆乡、庄科乡、彩石乡、宅科乡、大龙堂乡、虎门乡、邵而乡、郑庄乡、党家庄（回族）乡、渴马乡、十六里河乡、吴家乡、兴隆乡、涝坡乡、仲宫镇、二仙乡、泉泸乡、邱家乡、锦绣川乡、尹家店乡、高而乡、西营乡、大水井乡、龙湾乡、大南营乡、枣林乡、红岭乡、柳埠乡、突泉乡、阎家河乡、李家塘乡、窝铺乡。

1985年9月撤区并乡。全县划为11个镇、3个乡：遥墙镇、唐王镇、董家镇、郭店镇、孙村镇、彩石乡、党家庄镇、十六里河镇、港沟镇、仲宫镇、锦绣川乡、西营镇、高而乡、柳埠镇。

1987年5月撤销历城县和济南市郊区，以原历城县区域范围和原济南市郊区的洪家楼、华山、王舍人三个镇设立济南市历城区。成立后的济南市历城区共辖14个镇、3个乡、958个自然村，总面积1 523．6平方千米。

1996年，历城区辖洪家楼、王舍人、港沟、孙村、董家、唐王、遥墙、华山、郭店、西营、柳埠、仲宫、党家庄、十六里河、大桥、桑梓店16个镇，彩石、锦绣川、高而、靳家4个乡和济南大正乡镇企业示范小区。1999年12月，大桥、桑梓店镇、靳家乡划归济南市天桥区，党家庄、十六里河镇划归济南市市中区。2001年2月，撤销洪家楼镇，设立山大路、洪家楼、东风、全福4个街道。2001年12月，撤销彩石乡，设彩石镇。同年末，全区共辖4个街道、12个镇、2乡和济南大正科技工业示范区，51个社区居民委员会、655个行政村、853个自然村。

2005年年末辖4个街道、12个镇及大正科技工业示范区（2005年11月，孙村镇和大正科技工业示范区由济南市高新技术开发区代管），47个社区居民委员会、651个行政村至2014年区域无变化。

（三）行政区划

| 县辖 | 17 | 个乡/镇 | 958 | 个村 | 县城所在地： | 洪家楼 |

（四）地理系统

海拔范围	20	~	600	米	经度范围	116.49	°	~	117.22	°
纬度范围	36.20	°	~	36.53	°	年均气温	13.4	℃，年均降水量	698.6	毫米

（五）人口及民族状况

总人口数：		95.04	万人	其中农业人口：		64.57		万人
少数民族数量：		48	个，其中人口总数排名前10的民族信息：					
民族：	回族	人口：	0.379 4	万人，民族：	满族	人口：	0.132 6	万人
民族：	哈尼族	人口：	0.073	万人，民族：	朝鲜族	人口：	0.017 7	万人

（续表）

民族：	彝族	人口：	0.022	万人，民族：	苗族	人口：	0.021 3	万人
民族：	壮族	人口：	0.018 2	万人，民族：	藏族	人口：	0.015 1	万人
民族：	蒙古族	人口：	0.070 4	万人，民族：	维吾尔族	人口：	0.012 1	万人

（六）土地状况

县总面积：	1 298.57	平方千米	耕地面积：	51.826 5	万亩
草场面积：	0	万亩	林地面积：	84.999	万亩
湿地（滩涂）面积：	0	万亩	水域面积：	0	万亩

（七）经济状况

生产总值：	7 682 181	万元，工业总产值：	2 609 366	万元
农业总产值：	319 528	万元，粮食总产值：	180 935	万元
经济作物总产值：	3 229	万元，畜牧业总产值：	103 022	万元
水产总产值：	5 891	万元，人均收入：	15 968	元

（八）受教育情况

| 高等教育： | 24.5 | % | 中等教育： | 19.4 | % |
| 初等教育： | 51.7 | % | 未受教育： | 4.37 | % |

（九）特有资源及利用情况

| 无 |

（十）当前农业生产存在的主要问题

| 无 |

（十一）总体生态环境自我评价

| 良 | （优、良、中、差） |

（十二）总体生活状况（质量）自我评价

| 优 | （优、良、中、差） |

（十三）其他

| 无 |

二、2014年全县种植的粮食作物情况

作物名称	种植面积（亩）	种植品种数目								具有保健、药用、工艺品、宗教等特殊用途品种		
		地方品种				培育品种				名称	用途	单产（千克/亩）
		数目	代表性品种			数目	代表性品种					
			名称	面积（亩）	单产（千克/亩）		名称	面积（亩）	单产（千克/亩）			
小麦	130 000					2	济麦22	100 000	430			
							鲁原502	30 000	440			

（续表）

作物名称	种植面积（亩）	地方品种 数目	代表性品种 名称	面积（亩）	单产（千克/亩）	培育品种 数目	代表性品种 名称	面积（亩）	单产（千克/亩）	名称	用途	单产（千克/亩）
水稻	4 485					1	9407	4 485	400			
玉米	242 820					4	郑单958	70 000	500			
							鲁单50	30 000	480			
							浚单20	22 820	490			
							登海605	120 000	502			
大豆	7 000					2	鲁豆4	5 000	200			
							齐黄26	2 000	250			
谷子	2 837						济谷20	5 600	240			
							济谷21	2 763	256			

三、2014年全县种植的油料、蔬菜、果树、茶、桑、棉麻等主要经济作物情况

作物名称	种植面积（亩）	地方或野生品种 数目	代表性品种 名称	面积（亩）	单产（千克/亩）	培育品种 数目	代表性品种 名称	面积（亩）	单产（千克/亩）	名称	用途	单产（千克/亩）	作物种类
棉花	2 000					1	鲁棉研15	2 000	100				经济作物
苹果	3 000					1	红富士苹果	3 000	4 000				果树
大白菜	13 000					2	北京新3号	10 000	5 000				蔬菜
							丰抗78	3 000	5 000				
结球甘蓝	2 000					1	8398甘蓝	2 000	4 000				蔬菜
胡萝卜	2 000					1	五寸参胡萝卜	2 000	2 000				蔬菜
草莓	5 000					2	丰香	3 000	3 500				果树
							甜宝	2 000	4 000				

长清区

"第三次全国农作物种质资源普查与收集"普查表
（1956年）

| 填表人： | 韩景业 | 日期： | 2020 | 年 | 10 | 月 | 10 | 日 | 联系电话： | |

一、1956年基本情况

（一）县名

长清区

（二）历史沿革（名称、地域、区划变化）

中华人民共和国成立后，隶属泰安地区，1958年划属济南市

（三）行政区划

| 县辖： | 11 | 个乡/镇 | 127 | 个村 | 县城所在地： | 城关镇 |

（四）地理系统

海拔范围	31	~	988.88	米	经度范围	116.11	°	~	117.44	°
纬度范围	36.01	°	~	37.32	°	年均气温	13.2	℃，年均降水量	650.8	毫米

（五）人口及民族状况

总人口数：	33.10	万人	其中农业人口：	32.04	万人
少数民族数量：		个，其中人口总数排名前10的民族信息：			
民族：	人口：	万人，民族：	人口：	万人
民族：	人口：	万人，民族：	人口：	万人
民族：	人口：	万人，民族：	人口：	万人
民族：	人口：	万人，民族：	人口：	万人
民族：	人口：	万人，民族：	人口：	万人

（六）土地状况

县总面积：	1 208.59	平方千米	耕地面积：	75.24	万亩
草场面积：		万亩	林地面积：		万亩
湿地（滩涂）面积：		万亩	水域面积：		万亩

（七）经济状况

生产总值：	2 434	万元，工业总产值：	278	万元
农业总产值：	2 156	万元，粮食总产值：		万元
经济作物总产值：		万元，畜牧业总产值：		万元
水产总产值：		万元，人均收入：		元

（八）受教育情况

高等教育：		%	中等教育：		%
初等教育：		%	未受教育：		%

（九）特有资源及利用情况

无

（续表）

（十）当前农业生产存在的主要问题	
作物产量低。	

（十一）总体生态环境自我评价

中	（优、良、中、差）

（十二）总体生活状况（质量）自我评价

中	（优、良、中、差）

（十三）其他

二、1956年全县种植的粮食作物情况

作物名称	种植面积（亩）	种植品种数目								具有保健、药用、工艺品、宗教等特殊用途品种		
		地方品种				培育品种				名称	用途	单产（千克/亩）
		数目	代表性品种			数目	代表性品种					
			名称	面积（亩）	单产（千克/亩）		名称	面积（亩）	单产（千克/亩）			
小麦	273 200	4	白麦子	50 000	150	2	齐大195	60 000	200			
			红麦子	30 000	150		泗水38	30 000	200			
			秃子头	60 000	150							
			长清小麦	43 200	150							
玉米	181 200	3	东北大马牙	60 000	180	1	安东11	20 000	200			
			小粒红	50 000	160							
			长清玉米	51 200	150							
谷子	154 400	1	长清春谷子	154 400	120							
高粱	78 500	1	长清高粱	58 500	100	1	长青1号	20 000	120			
甘薯	90 600	2	5245	50 000	1 500	1	胜利百号	20 000	1 500			
			长清甘薯	20 600	1 000							
大豆	153 500	4	满山滚	50 000	80							
			平顶黄	40 000	80							
			老鼠眼	30 000	80							
			长清大豆	33 500	80							

（续表）

三、1956年全县种植的油料、蔬菜、果树、茶、桑、棉麻等主要经济作物情况

作物名称	种植面积（亩）	种植品种数目							具有保健、药用、工艺品、宗教等特殊用途品种			作物种类
		地方或野生品种				培育品种						
		数目	代表性品种			数目	代表性品种		名称	用途	单产（千克/亩）	
			名称	面积（亩）	单产（千克/亩）		名称	面积（亩）	单产（千克/亩）				
棉花	45 000	1	长清棉花	15 000	60	1	岱字棉15	30 000	80				经济作物
花生	21 200	1	长清花生	11 200	80	1	小白沙	10 000	100				经济作物
大白菜	5 000					1	天津绿	5 000	2 000				蔬菜

"第三次全国农作物种质资源普查与收集"普查表
（1981年）

填表人：	韩景业	日期：	2020	年	10	月	10	日	联系电话：	

一、1981年基本情况

（一）县名： 长清区

（二）历史沿革（名称、地域、区划变化）

中华人民共和国成立后，隶属泰安地区，1958年划属济南市，1959年撤销长清县，1961复县划归泰安地区，1978年复划属济南市

（三）行政区划

县辖：	10	个乡/镇	639	个村	县城所在地：		城关镇

（四）地理系统

海拔范围	31	~	988.88	米	经度范围	116.11	°	~	117.44	°
纬度范围	36.01	°	~	37.32	°	年均气温	13.8	℃，	年均降水量	362.8	毫米

（五）人口及民族状况

总人口数：	48.911 1	万人	其中农业人口：		46.502 9		万人
少数民族数量：		个，其中人口总数排名前10的民族信息：					
民族：	人口：		万人，民族：		人口：		万人
民族：	人口：		万人，民族：		人口：		万人
民族：	人口：		万人，民族：		人口：		万人
民族：	人口：		万人，民族：		人口：		万人
民族：	人口：		万人，民族：		人口：		万人

（续表）

（六）土地状况

县总面积：	1 208.59	平方千米	耕地面积：	62.94	万亩
草场面积：		万亩	林地面积：	1.552 0	万亩
湿地（滩涂）面积：		万亩	水域面积：		万亩

（七）经济状况

生产总值：	13 357	万元，工业总产值：	4 377	万元
农业总产值：	8 980	万元，粮食总产值：		万元
经济作物总产值：		万元，畜牧业总产值：		万元
水产总产值：		万元，人均收入：		元

（八）受教育情况

高等教育：		%	中等教育：		%
初等教育：		%	未受教育：		%

（九）特有资源及利用情况

无

（十）当前农业生产存在的主要问题

农作物新老品种替代进展慢

（十一）总体生态环境自我评价

中	（优、良、中、差）

（十二）总体生活状况（质量）自我评价

中	（优、良、中、差）

（十三）其他

二、1981年全县种植的粮食作物情况

作物名称	种植面积（亩）	种植品种数目								具有保健、药用、工艺品、宗教等特殊用途品种		
		地方品种				培育品种				名称	用途	单产（千克/亩）
		数目	代表性品种			数目	代表性品种					
			名称	面积（亩）	单产（千克/亩）		名称	面积（亩）	单产（千克/亩）			
小麦	324 800	1	长清小麦	14 800	350	5	鲁麦一号	80 000	400			
							泰山一号	30 000	400			
							辐63	60 000	400			
							济南13	100 000	400			
							蚰包	40 000	400			
玉米	252 400					8	掖单2号	80 000	400			
							双跃80	50 000	400			
							双跃150	40 000	400			
							聊玉5号	50 000	400			
							中单2号	30 000	400			

（续表）

作物名称	种植面积（亩）	种植品种数目								具有保健、药用、工艺品、宗教等特殊用途品种		
		地方品种				培育品种				名称	用途	单产（千克/亩）
		数目	代表性品种			数目	代表性品种					
			名称	面积（亩）	单产（千克/亩）		名称	面积（亩）	单产（千克/亩）			
谷子	19 800	1	长清谷子	3 800	180	4	鲁谷1号	6 000	200			
							鲁谷2号	6 000	200			
							鲁谷4号	2 000	200			
							鲁谷5号	2 000	200			
高粱	14 500	1	长清高粱	1 500	100	3	歪脖红	5 000	150			
							黄落伞	4 000	150			
							鲁育歪头	4 000	150			
甘薯	104 800	1	5245	10 800	2 000	2	南京92	60 000	2 300			
							胜利百号	34 000	2 500			
大豆	42 200	1	长清大豆	2 200	100	2	鲁豆2号	20 000	120			
							鲁豆4号	20 000	120			

三、1981年全县种植的油料、蔬菜、果树、茶、桑、棉麻等主要经济作物情况

作物名称	种植面积（亩）	种植品种数目								具有保健、药用、工艺品、宗教等特殊用途品种			作物种类
		地方或野生品种				培育品种				名称	用途	单产（千克/亩）	
		数目	代表性品种			数目	代表性品种						
			名称	面积（亩）	单产（千克/亩）		名称	面积（亩）	单产（千克/亩）				
棉花	3 100	1	长清棉花	100	100	2	岱字棉15号	2 000	120				经济作物
							鲁棉1号	1 000	120				

（续表）

作物名称	种植面积（亩）	种植品种数目								具有保健、药用、工艺品、宗教等特殊用途品种			作物种类
		地方或野生品种				培育品种				名称	用途	单产（千克/亩）	
		数目	代表性品种			数目	代表性品种						
			名称	面积（亩）	单产（千克/亩）		名称	面积（亩）	单产（千克/亩）				
花生	93 800	1	长清花生	13 800	150	3	白沙1016	30 000	200				经济作物
							伏花1号	20 000	200				
							海花1号	30 000	200				经济作物
大白菜	20 000	1	天津绿	20 000	3 000								蔬菜

"第三次全国农作物种质资源普查与收集"普查表
（2014年）

填表人：	韩景业	日期：	2020	年	10	月	10	日	联系电话：	

一、2014年基本情况

（一）县名：　　　　　　　长清区

（二）历史沿革（名称、地域、区划变化）

中华人民共和国成立后，隶属泰安地区，1958年划属济南市，1959年撤销长清县，1961复县划归泰安地区，1978年复划属济南市，2001年6月撤县设区至今为长清区

（三）行政区划

县辖：	10	个乡/镇	629	个村	县城所在地：		文昌街道

（四）地理系统

海拔范围	31	~	988.88	米	经度范围	116.11	°	~		117.44	°
纬度范围	36.01	°	~	37.32	°	年均气温	14.3	℃，	年均降水量	654.7	毫米

（五）人口及民族状况

总人口数：	55.91	万人	其中农业人口：		28.8		万人
少数民族数量：	4	个，其中人口总数排名前10的民族信息：					
民族：	回族	人口：	0.548 2	万人，民族：	满族	人口：	0.027 4	万人
民族：	蒙古族	人口：	0.015 8	万人，民族：	苗族	人口：	0.012 1	万人
民族：		人口：		万人，民族：		人口：		万人
民族：		人口：		万人，民族：		人口：		万人
民族：		人口：		万人，民族：		人口：		万人

（续表）

（六）土地状况

县总面积：	1 208.59	平方千米	耕地面积：	70.04	万亩
草场面积：	22.82	万亩	林地面积：	31.17	万亩
湿地（滩涂）面积：	0.27	万亩	水域面积：	7.37	万亩

（七）经济状况

生产总值：	2 529 787	万元，工业总产值：	1 084 086	万元
农业总产值：	530 273	万元，粮食总产值：	67 227	万元
经济作物总产值：	292 347	万元，畜牧业总产值：	158 267	万元
水产总产值：	1 560	万元，人均收入：	18 244	元

（八）受教育情况

高等教育：	17.1	%	中等教育：	49.9	%
初等教育：	21.8	%	未受教育：	11.2	%

（九）特有资源及利用情况

长清茶正逐步发展，做强做大，已发展到7 000亩

（十）当前农业生产存在的主要问题

转变农业发展模式，加快调整农业产业结构

（十一）总体生态环境自我评价

良	（优、良、中、差）

（十二）总体生活状况（质量）自我评价

良	（优、良、中、差）

（十三）其他

二、1956年全县种植的粮食作物情况

作物名称	种植面积（亩）	种植品种数目								具有保健、药用、工艺品、宗教等特殊用途品种		
		地方品种				培育品种				名称	用途	单产（千克/亩）
		数目	代表性品种			数目	代表性品种					
			名称	面积（亩）	单产（千克/亩）		名称	面积（亩）	单产（千克/亩）			
小麦	301 995					8	泰农18	80 000	500			
							邯6172	80 000	500			
							济麦22	60 000	500			
							山农20	50 000	500			
							鲁原502	30 000	500			
玉米	322 575					9	郑单958	100 000	600			
							登海605	70 000	650			
							先玉335	60 000	600			

（续表）

作物名称	种植面积（亩）	种植品种数目								具有保健、药用、工艺品、宗教等特殊用途品种		
		地方品种				培育品种				名称	用途	单产（千克/亩）
		数目	代表性品种			数目	代表性品种					
			名称	面积（亩）	单产（千克/亩）		名称	面积（亩）	单产（千克/亩）			
谷子	20 490					2	黑马603	60 000	600			
							登海618	30 000	600			
							济谷11	12 000	400			
							金谷15	8 490	400			
甘薯	55 020					1	北京553	55 020	4 000			
大豆	14 500					1	中黄13	14 500	170			

三、1956年全县种植的油料、蔬菜、果树、茶、桑、棉麻等主要经济作物情况

作物名称	种植面积（亩）	种植品种数目								具有保健、药用、工艺品、宗教等特殊用途品种			作物种类
		地方或野生品种				培育品种				名称	用途	单产（千克/亩）	
		数目	代表性品种			数目	代表性品种						
			名称	面积（亩）	单产（千克/亩）		名称	面积（亩）	单产（千克/亩）				
花生	67 470					3	鲁花11	30 000	400				经济作物
							鲁花14	20 470	400				
							花育30	17 000	300				
棉花	8 000					1	鲁棉研28	8 000	200				经济作物
大白菜	20 000					4	北京3号	10 000	4 000				蔬菜
							秦杂2号	2 000	4 100				
							义和秋	5 000	3 500				
							丰抗	3 000	4 500				
大蒜	32 000					2	白皮蒜	25 000	1 300				蔬菜
							红皮蒜	7 000	1 750				
黄瓜	8 000					4	津优1号	3 000	4 000				

（续表）

作物名称	种植面积（亩）	地方或野生品种 数目	地方或野生品种 代表性品种 名称	地方或野生品种 代表性品种 面积（亩）	地方或野生品种 代表性品种 单产（千克/亩）	培育品种 数目	培育品种 代表性品种 名称	培育品种 代表性品种 面积（亩）	培育品种 代表性品种 单产（千克/亩）	具有保健、药用、工艺品、宗教等特殊用途品种 名称	用途	单产（千克/亩）	作物种类
							津春3号	2 000	4 000				蔬菜
							津优35	2 000	6 000				蔬菜
							冬美	1 000	5 500				蔬菜
长豇豆	10 000					2	一丈青	6 000	1 800				蔬菜
							之豇28	4 000	1 700				蔬菜
萝卜	8 000					6	潍县萝卜	3 000	4 000				蔬菜
							天津青萝卜	1 500	5 000				蔬菜
							露头青萝卜	1 500	4 500				蔬菜
							里外青	500	4 200				蔬菜
							心里美	1 000	3 700				蔬菜
菜豆	8 000					3	老来少	4 000	1 600				蔬菜
							七粒白	2 000	1 500				蔬菜
							地豆王一号	2 000	1 200				蔬菜
桃	10 005		长清桃	10 005	1 500								果树
杏	10 500		长清杏	10 500	1 300								果树
樱桃	18 195		长清樱桃	18 195	500								果树
核桃	162 495		长清核桃	162 495	50								果树

莱芜区

"第三次全国农作物种质资源普查与收集"普查表
（1956年）

| 填表人： | 池立成 | 日期： | 2020 | 年 | 9 | 月 | 9 | 日 | 联系电话： | |

一、1956年基本情况

（一）县名　莱芜区

（二）历史沿革（名称、地域、区划变化）

1945年10月，民主政权恢复原莱芜县建制，全县划为13个区，即矿山、口镇、雪野、香山、水北、鲁西、圣井、汶南、颜庄、辛庄、苗山、常庄、茶业。1946年，将矿山、汶南、颜庄、辛庄区各划出一部分组成汶阳区，将口镇、雪野、香山、水北、鲁西区各划出一部分组成仪封区，将水北、鲁西、圣井区各划出一部分组成杨庄区，直到新中国成立。

1950年5月，撤销汶阳区，将其所辖村庄分别划归矿山、颜庄、辛庄。此后全县辖矿山、口镇、仪封、鲁西、圣井、汶南、颜庄、辛庄、苗山、常庄、茶业、雪野、香山、水北、杨庄；区以下设乡，全县共189个乡。

1951年3月，各区由按地名称呼改为以数字称呼，即矿山为第一区，口镇为第二区，仪封为第三区，鲁西为第四区，圣井为第五区，汶南为第六区，颜庄为第七区，辛庄为第八区，苗山为第九区，常庄为第十区，茶业为第十一区，雪野为第十二区，香山为第十三区，水北为第十四区，杨庄为第十五区。同年5月，撤销第十五区，将其所辖村庄分别划归第四区与第十四区。

1953年5月，恢复第十五区，口镇升为区级规格。

1955年3月，淄川县的东西、珠宝、龙门、桃花、清泉、峪林、黑峪乡和博山县的樵岭前、桃花泉、西流泉乡及响泉村，划归莱芜县组成第十六区。同年8月撤销第十六区，各乡、村归回原县。

1955年10月，各区复改用地名称呼，依次为矿山、港里（口镇）、仪封、鲁西、圣井、汶南、颜庄、辛庄、苗山、常庄、茶业、雪野、香山、水北、杨庄区，口镇仍为区级规格。

1956年6月，全县改划为86个乡、1个镇，仍由区辖属。

（三）行政区划

| 县辖： | 1 | 个乡/镇 | 86 | 个村 | 县城所在地： | 矿山（一区） |

（四）地理系统

海拔范围	148.13	~	994	米	经度范围	117.316 667	°	~	117.968 056	°
纬度范围	36.046 111	°	~	36.552 778	°	年均气温	14.7	℃，年均降水量	998.9	毫米

（五）人口及民族状况

总人口数：	61.364 4	万人	其中农业人口：	60.183 7		万人
少数民族数量：	5	个，其中人口总数排名前10的民族信息：				
民族：回族	人口：	0.050 4	万人，民族：壮族	人口：	0.001 0	万人
民族：满族	人口：	0.002 8	万人，民族：朝鲜族	人口：	0.000 9	万人
民族：蒙古族	人口：	0.000 7	万人，民族：	人口：		万人
民族：	人口：		万人，民族：	人口：		万人

（续表）

（六）土地状况

县总面积：	800	平方千米	耕地面积：	70	万亩
草场面积：	0	万亩	林地面积：	0	万亩
湿地（滩涂）面积：	0	万亩	水域面积：	31	万亩

（七）经济状况

生产总值：	715 8	万元，工业总产值：	445	万元
农业总产值：	671 3	万元，粮食总产值：	533 4	万元
经济作物总产值：	195	万元，畜牧业总产值：	996	万元
水产总产值：	0	万元，人均收入：	50.7	元

（八）受教育情况

高等教育：		％	中等教育：		％
初等教育：		％	未受教育：		％

（九）特有资源及利用情况

自古种植生姜大蒜等作物，新中国成立初期产量面积有限

（十）当前农业生产存在的主要问题

许多地区仍靠天吃饭，极端自然天气多发，影响农业生产

（十一）总体生态环境自我评价

良	（优、良、中、差）

（十二）总体生活状况（质量）自我评价

良	（优、良、中、差）

（十三）其他

无

二、1956年全县种植的粮食作物情况

作物名称	种植面积（亩）	种植品种数目								具有保健、药用、工艺品、宗教等特殊用途品种		
		地方品种				培育品种				名称	用途	单产（千克/亩）
		数目	代表性品种			数目	代表性品种					
			名称	面积（亩）	单产（千克/亩）		名称	面积（亩）	单产（千克/亩）			
玉米	221 478	1	莱芜玉米	221 478	78.6							
谷子	271 512	1	莱芜谷子	271 512	104.8							
高粱	93 701	1	莱芜高粱	93 701	94.7							
大豆	277 943	1	莱芜大豆	277 943	53							

（续表）

作物名称	种植面积（亩）	种植品种数目									具有保健、药用、工艺品、宗教等特殊用途品种		
		地方品种				培育品种					名称	用途	单产（千克/亩）
		数目	代表性品种			数目	代表性品种						
			名称	面积（亩）	单产（千克/亩）		名称	面积（亩）	单产（千克/亩）				
小麦	479 335	1	莱芜小麦	479 335	66.7								
水稻	1 309	1	莱芜水稻	1 309	99.1								
甘薯	125 683	1	莱芜甘薯	125 683	114.7								

三、1956年全县种植的油料、蔬菜、果树、茶、桑、棉麻等主要经济作物情况

作物名称	种植面积（亩）	种植品种数目									具有保健、药用、工艺品、宗教等特殊用途品种			作物种类
		地方或野生品种				培育品种					名称	用途	单产（千克/亩）	
		数目	代表性品种			数目	代表性品种							
			名称	面积（亩）	单产（千克/亩）		名称	面积（亩）	单产（千克/亩）					
棉花	29 794	1	莱芜棉花	29 794	10.2									经济作物
姜	3 349	1	莱芜姜	3 349	975									蔬菜
大蒜	2 500	1	莱芜大蒜	2 500	635									蔬菜
大葱	2 500	1	莱芜大葱	2 500	1 630									蔬菜
大麻	43 108	1	莱芜大麻	43 108	53.2									经济作物
花生	73 551	1	莱芜花生	73 551	43.8									经济作物

"第三次全国农作物种质资源普查与收集"普查表
（1981年）

| 填表人： | 池立成 | 日期： | 2020 | 年 | 9 | 月 | 9 | 日 | 联系电话： | |

一、1981年基本情况

（一）县名

莱芜区

（二）历史沿革（名称、地域、区划变化）

1958年3月，撤销区级建制，全县划为城关镇及王善、口镇、羊里、方下、鲁西、牛泉、圣井、高庄、南冶、颜庄、郑王庄、孝义、辛庄、铁车、龙角、苗山、常庄、和庄、茶业、腰关、雪野、上游、大王庄、大槐树、寨里、水北、杨庄乡，同时设雪野办事处。10月，全县划为城关、孝义、口镇、羊里、红旗（大下农场）、方下、鲁西、牛泉、圣井、高庄、南冶、颜庄、郑王庄、辛庄、苗山、常庄、和庄、腰关、吉山、上游、大王庄、大槐树、寨里、杨庄人民公社。

1959年2月，合并为矿山、口镇、羊里、方下、圣井、高庄、颜庄、辛庄、苗山、常庄、腰关、上游、大王庄、寨里、杨庄人民公社，辖171个管理区。不久，腰关公社改称茶业公社，圣井公社改称牛泉公社。

1960年4月，撤销高庄公社、羊里公社，将高庄公社所辖大队划归牛泉、颜庄、矿山公社，将羊里公社所辖大队划归口镇、寨里、大王庄公社。

1964年5月，将牛泉公社的榭林、鲁家，颜庄公社的南冶、老君、对仙，矿山公社的高庄管理区组成高庄公社；将大王庄公社的址坊，寨里公社的羊里、王石管理区，大下管理区的辛兴（4个大队）、戴家庄、魏家庄、贾家洼子等7个大队划归辛兴管理区，组成羊里公社。

1982年1月，矿山公社改为城关镇，全县辖1个镇、14个公社，91个管理区，1 003个大队。

（三）行政区划

县辖：	1	个乡/镇	91	个村	县城所在地：	城关公社

（四）地理系统

海拔范围	148.13	~	994	米	经度范围	117.316 667	°	~	117.968 056	°
纬度范围	36.046 111	°	~	36.552 778	°	年均气温	14.7	℃，年均降水量	998.9	毫米

（五）人口及民族状况

总人口数：		102.096 6	万人	其中农业人口：			91.206 0		万人
少数民族数量：		8	个，其中人口总数排名前10的民族信息：						
民族：	布依族	人口：	0.000 1	万人，民族：		回族	人口：	0.208 5	万人
民族：	满族	人口：	0.012 8	万人，民族：		蒙古族	人口：	0.001 8	万人
民族：	朝鲜族	人口：	0.001 7	万人，民族：		壮族	人口：	0.001 5	万人
民族：	彝族	人口：	0.000 7	万人，民族：		白族	人口：	0.000 6	万人
民族：		人口：		万人，民族：			人口：		万人

（续表）

（六）土地状况

县总面积：	2 096.447	平方千米	耕地面积：	126.110 9	万亩
草场面积：	0	万亩	林地面积：	100.28	万亩
湿地（滩涂）面积：	0	万亩	水域面积：	35	万亩

（七）经济状况

生产总值：	31 882	万元，工业总产值：	13 317	万元
农业总产值：	18 565	万元，粮食总产值：	14 063	万元
经济作物总产值：	840	万元，畜牧业总产值：	3 011	万元
水产总产值：	31	万元，人均收入：	228	元

（八）受教育情况

高等教育：		%	中等教育：	%
初等教育：		%	未受教育：	%

（九）特有资源及利用情况

莱芜生姜、大蒜、花椒历来种植，长种不衰

（十）当前农业生产存在的主要问题

极端自然天气多发，影响农业生产

（十一）总体生态环境自我评价

良	（优、良、中、差）

（十二）总体生活状况（质量）自我评价

良	（优、良、中、差）

（十三）其他

无

二、1981 年全县种植的粮食作物情况

作物名称	种植面积（亩）	种植品种数目								具有保健、药用、工艺品、宗教等特殊用途品种		
		地方品种				培育品种						
		数目	代表性品种			数目	代表性品种			名称	用途	单产（千克/亩）
			名称	面积（亩）	单产（千克/亩）		名称	面积（亩）	单产（千克/亩）			
玉米	493 614	1	莱芜玉米	493 614	347.5							
谷子	35 529	1	莱芜谷子	35 529	188.5							
高粱	15 169	1	莱芜高粱	15 169	153.5							
大豆	9 323	1	莱芜大豆	9 323	100.5							

（续表）

作物名称	种植面积（亩）	种植品种数目									具有保健、药用、工艺品、宗教等特殊用途品种		
		地方品种				培育品种					名称	用途	单产（千克/亩）
		数目	代表性品种			数目	代表性品种						
			名称	面积（亩）	单产（千克/亩）		名称	面积（亩）	单产（千克/亩）				
小麦	505 491	1	莱芜小麦	505 491	217.8								
水稻	400	1	莱芜水稻	400	195.5								
甘薯	134 430	1	莱芜甘薯	134 430	353								

三、1981年全县种植的油料、蔬菜、果树、茶、桑、棉麻等主要经济作物情况

作物名称	种植面积（亩）	种植品种数目									具有保健、药用、工艺品、宗教等特殊用途品种			作物种类
		地方或野生品种				培育品种					名称	用途	单产（千克/亩）	
		数目	代表性品种			数目	代表性品种							
			名称	面积（亩）	单产（千克/亩）		名称	面积（亩）	单产（千克/亩）					
棉花	1 700	1	莱芜棉花	1 700	18									经济作物
姜	21 713	2	莱芜大姜	11 713	1 689.5									蔬菜
			莱芜小姜	10 000	1 500									
大蒜	6 300	1	莱芜大蒜	6 300	1 120									蔬菜
大葱	11 200	1	莱芜大葱	11 200	1 792									蔬菜
大麻	31 300	1	莱芜大麻	31 300	93									经济作物
红麻	13 200	1	莱芜红麻	13 200	359.5									经济作物
青麻	100	1	莱芜青麻	100	43									经济作物
花生	86 000	1	莱芜花生	86 000	156.5									经济作物

"第三次全国农作物种质资源普查与收集"普查表
（2014年）

| 填表人： | 池立成 | 日期： | 2020 | 年 | 9 | 月 | 9 | 日 | 联系电话： | |

一、2014年基本情况

（一）县名 莱芜区

（二）历史沿革（名称、地域、区划变化）

1983年8月，撤销莱芜县设立莱芜市（省辖县级市），仍辖1个镇、14个公社，91个管理区。

1984年4月，撤销人民公社和管理区，改划为15个办事处，下辖72个乡、8个镇、1个城区办公室。

1985年10月，改划为1个办事处、15个镇、12个乡。

1990年8月，设立钢城办事处（副县级，市政府派出机构），辖颜庄镇、城子坡镇、里辛乡和由新泰市划入的寨子乡、沂源县划入的黄庄镇。

1992年11月22日，根据《国务院关于山东省莱芜市升为地级市的批复》，莱芜市升格为地级市，设立莱城区、钢城区。莱城区辖1个办事处、13个镇、11个乡，即城区办事处、张家洼镇、口镇、羊里镇、方下镇、牛泉镇、高庄镇、南冶镇、辛庄镇、苗山镇、上游镇、大王庄镇、寨里镇、杨庄镇、北孝义乡、圣井乡、铁车乡、见马乡、常庄乡、和庄乡、茶业口乡、腰关乡、雪野乡、鹿野乡、大槐树乡，906个村（居）。

1993年3月，莱城区城区办事处更名为莱城区城市街道办事处。

2000年12月14日，根据《山东省人民政府关于同意莱芜市莱城区钢城区调整部分乡镇行政区划的批复》，撤销北孝义乡，将其行政区域并入城市街道办事处；撤销南冶镇、高庄镇，以原南冶镇、高庄镇的行政区域设立高庄街道办事处；撤销张家洼镇，以原张家洼镇的行政区域设立张家洼街道办事处；撤销铁车乡，将其行政区域并入辛庄镇；撤销常庄乡、见马乡，将其行政区域并入苗山镇；撤销腰关乡、茶业口乡，以原腰关乡、茶业口乡的行政区域设立茶业口镇；撤销鹿野乡、上游镇、雪野乡，以原鹿野乡、上游镇、雪野乡的行政区域设立雪野镇；撤销大槐树乡，将其行政区域并入大王庄镇；撤销圣井乡，将其行政区域并入牛泉镇。其余乡镇行政区域未变。同月19日，根据《莱芜市人民政府关于同意莱城区城市街道办事处更名的批复》，城市街道办事处更名为凤城街道办事处。

2001年5月19日，根据《中共莱芜市委、莱芜市人民政府关于加快莱芜经济开发区建设若干问题的决定》，莱城区凤城街道办事处的程故事、大故事、小故事、冯家林4个行政村划归莱芜经济开发区管辖。12月，根据《莱芜市人民政府关于将南姜庄、北姜庄、地理沟、黄泥沟4个村划归经济开发区管理的通知》，莱城区凤城街道办事处的南姜庄、地理沟、北姜庄、黄泥沟4个行政村划归莱芜经济开发区管辖。

2002年9月12日，经省政府批准，莱芜经济开发区增列为省级高新技术产业开发区。10月22日，根据《莱芜市人民政府关于同意设立鹏泉街道办事处的批复》，莱城区增设鹏泉街道，由莱芜高新技术产业开发区管理。莱城区凤城街道的大桥、官厂、北孝义、毕家庄、南孝义、陶家庄、南张家庄、泉子、朴务头、中和、前宋、后宋、郭家庄、李陈庄、南连河、北连河、孝义楼、孙故事18个村划归鹏泉街道管辖，鹏泉街道共辖26个村（居）。

2003年6月10日，根据中共莱芜市委、莱芜市人民政府关于建立泰钢工业园的决定，莱城区凤城街道的曹东、曹西、马庄、蔺家庄、古石沟、孟家峪6个村和张家洼街道的东白龙、西白龙、刘家庄、沙家庄4个村划归泰钢工业园管辖。10月22日，根据中共莱芜市十一届委员会第16次常委会议纪要，莱城区凤城街道的杨家庄、西峪（东峪）、柳龙崮、马龙崮、瓜皮岭5个村划归鹏泉街道管辖。

（续表）

2006年6月7日，根据《山东省人民政府关于同意莱芜市莱城区调整部分行政区划的批复》，莱城区凤城街道的东龙崮、南龙崮、前坡、磨山子、近崮、邹家埠、北张家庄、东沈家庄、长安、老鸦峪、孔家庄、姜家庄、傅家庄、大山、小山、侯盘龙、前盘龙、陈盘龙、马盘龙、段盘龙、草沟、汶阳、西陈家峪、中陈家峪、小陈家峪、上陈家峪26个村和辛庄镇的郭家沟、秦家洼、大石家3个村，共29个村划归鹏泉街道管辖。同月15日，根据《山东省人民政府关于同意莱芜市莱城区辛庄镇划归钢城区管辖的批复》，莱城区辛庄镇划归钢城区管辖。

2007年4月28日，根据《莱芜市人民政府关于将雪野镇划归雪野旅游区管理的通知》，雪野镇（包括49个行政村）整建制划归雪野旅游区管理，行政区划仍属于莱城区。6月1日，根据《中共莱芜市莱城区委、莱芜市莱城区人民政府关于调整完善管理体制和运行机制加快莱城工业区发展的决定》，莱城区张家洼街道的北山阳、南山阳、小洼、茅茨、港里、邹高庄、张高庄、郭家镇、李家镇、景家镇、杨家镇、片家镇、吴家镇、蔡家镇、任家洼、王家楼、藕池、山头店、高家洼19个村划归口镇管辖。

2010年4月30日，根据《山东省人民政府关于同意调整莱芜市莱城区部分行政区划的批复》，口镇狂山村划归雪野镇管辖。5月10日，根据《山东省人民政府关于同意调整莱芜市莱城区部分行政区划的批复》，撤销和庄乡，以其原行政区域设立和庄镇。

2011年12月16日，根据《山东省人民政府关于同意调整莱芜市莱城区部分行政区划的批复》，口镇许家洼村划归羊里镇管辖。

2012年3月29日，中共莱芜市十三届委员会第4次常委会议研究决定，分设莱芜经济开发区（暨泰钢不锈钢生态产业园），辖张家洼街道所辖的40个村（居）以及莱城大道以东口镇任家洼村、高家洼村和方下镇孟公清村、刘封邱村，辖区面积约62平方千米。

2013年3月5日，根据《山东省人民政府关于同意调整莱芜市莱城区部分行政区划的批复》，张家洼街道的东十字村、西十字村、三官庙村、陈梁坡村等4个村划归鹏泉街道管辖。

（三）行政区划

县辖：	14	个乡/镇	840	个村	县城所在地：	凤城街道

（四）地理系统

海拔范围	148.13	~	994	米	经度范围	117.316 667	°	~	117.968 056	°
纬度范围	36.046 111	°	~	36.552 778	°	年均气温	14.7	℃，年均降水量	622.9	毫米

（五）人口及民族状况

总人口数：	78	万人	其中农业人口：		58.499 4		万人
少数民族数量：	6	个，其中人口总数排名前10的民族信息：					
民族：	彝族	人口：	0.001 9	万人，民族：	回族	人口：	0.212 1	万人
民族：	满族	人口：	0.002 4	万人，民族：	蒙古族	人口：	0.001 8	万人
民族：	朝鲜族	人口：	0.001 7	万人，民族：	壮族	人口：	0.001 5	万人
民族：		人口：		万人，民族：		人口：		万人
民族：		人口：		万人，民族：		人口：		万人

（续表）

（六）土地状况

县总面积：	1 739.61	平方千米	耕地面积：	84.22	万亩
草场面积：	0	万亩	林地面积：	93.084	万亩
湿地（滩涂）面积：	0	万亩	水域面积：	33.45	万亩

（七）经济状况

生产总值：	3 398 600	万元，工业总产值：	8 360 000	万元

农业总产值：	493 309	万元，粮食总产值：	114 833	万元
经济作物总产值：	336 500	万元，畜牧业总产值：	215 325	万元
水产总产值：	9 834	万元，人均收入：	13 370	元

（八）受教育情况

高等教育：	15	%	中等教育：	38	%
初等教育：	44	%	未受教育：	3	%

（九）特有资源及利用情况

莱芜大姜、小姜、白皮蒜、大红袍、花椒广泛种植，并形成规模化加工销售

（十）当前农业生产存在的主要问题

（十一）总体生态环境自我评价

良	（优、良、中、差）

（十二）总体生活状况（质量）自我评价

良	（优、良、中、差）

（十三）其他

无

二、2014年全县种植的粮食作物情况

作物名称	种植面积（亩）	种植品种数目							具有保健、药用、工艺品、宗教等特殊用途品种		
		地方品种				培育品种					
		数目	代表性品种			数目	代表性品种			名称	用途	单产（千克/亩）
			名称	面积（亩）	单产（千克/亩）		名称	面积（亩）	单产（千克/亩）			
玉米	378 600					12	浚单20	70 000	410			
							郑单958	130 000	400			
							隆平206	40 000	431			
							先玉335	40 000	450			
							农华101	15 000	440			

（续表）

作物名称	种植面积（亩）	地方品种 数目	地方品种 名称	地方品种 面积（亩）	地方品种 单产（千克/亩）	培育品种 数目	培育品种 名称	培育品种 面积（亩）	培育品种 单产（千克/亩）	特殊用途品种 名称	特殊用途品种 用途	特殊用途品种 单产（千克/亩）
							济麦22	10 000	500			
							鲁原502	20 000	500			
小麦	76 000					7	山农28	16 000	600			
							鑫麦296	10 000	600			
							良星66	10 000	500			

三、2014年全县种植的油料、蔬菜、果树、茶、桑、棉麻等主要经济作物情况

作物名称	种植面积（亩）	地方或野生品种 数目	地方或野生品种 名称	地方或野生品种 面积（亩）	地方或野生品种 单产（千克/亩）	培育品种 数目	培育品种 名称	培育品种 面积（亩）	培育品种 单产（千克/亩）	特殊用途品种 名称	特殊用途品种 用途	特殊用途品种 单产（千克/亩）	作物种类
							鲁棉研28号	2 000	125				
棉花	6 700					4	鲁棉研35号	2 000	130				经济作物
							鲁棉研29号	1 500	140				
							冀棉958	1 200	130				
							花育24	15 000	250				
							冀花13	15 000	300				
花生	80 000					6	鲁花1号	16 000	250				经济作物
							鲁花11	12 000	300				
							大白沙	13 000	300				
			大姜	30 000	3 000								
姜	80 000	3	小姜	10 000	2 500								蔬菜
			缅姜	40 000	3 000								
大蒜	130 000	2	白皮蒜	70 000	2 500	2	杂交蒜	30 000	2 600				蔬菜
			四六瓣蒜	15 000	2 200		苔蒜	15 000	2 000				

钢城区

"第三次全国农作物种质资源普查与收集"普查表
（2014年）

| 填表人： | 陈怀玉 | 日期： | 2020 | 年 | 9 | 月 | 10 | 日 | 联系电话： | |

一、2014年基本情况

（一）县名

钢城区

（二）历史沿革（名称、地域、区划变化）

1990年8月，将莱芜市颜庄镇、城子坡镇、里辛乡和新泰市寨子乡、沂源县黄庄镇等5个乡镇划归莱芜市钢城办事处管辖。钢城办事处为莱芜市政府的派出机构（副县级）。

1992年11月，莱芜市由县级市升为地级市，同时设立钢城区，是为钢城区行政建置之始。

（三）行政区划

县辖：	5	个乡/镇	230	个村	县城所在地：	艾山街道

（四）地理系统

海拔范围	230	~	732	米	经度范围	117.682	°	~	117.968	°
纬度范围	35.992°	~	36.287°		年均气温	14.4	℃，	年均降水量	695	毫米

（五）人口及民族状况

总人口数：	32.004 7	万人	其中农业人口：	18.080 6		万人
少数民族数量：	6	个，其中人口总数排名前10的民族信息：				
民族：	回族	人口：	0.081 8	万人，民族：	满族	人口：	0.002 4	万人
民族：	壮族	人口：	0.001 8	万人，民族：	蒙古族	人口：	0.001	万人
民族：	朝鲜族	人口：	0.000 9	万人，民族：	彝族	人口：	0.000 7	万人
民族：		人口：		万人，民族：		人口：		万人
民族：		人口：		万人，民族：		人口：		万人

（六）土地状况

县总面积：	506.42	平方千米	耕地面积：	21.75	万亩
草场面积：	9.97	万亩	林地面积：	12.45	万亩
湿地（滩涂）面积：	1.1	万亩	水域面积：	2.93	万亩

（七）经济状况

生产总值：	1 900 900	万元，	工业总产值	4 596 000	万元
农业总产值：	143 600	万元，	粮食总产值：	10 124	万元
经济作物总产值：	71 194	万元，	畜牧业总产值：	45 580	万元
水产总产值：	683	万元，	人均收入：	14 063	元

（八）受教育情况

高等教育	14	%	中等教育	39	%
初等教育	44	%	未受教育	3	%

（续表）

（九）特有资源及利用情况
霞峰村是盛产黄金桃的地方。1966年从沂源县荆山果园引进，后来经过改良和培植，逐渐形成现在的"黄金桃"，由此形成规模，推广全镇及其他乡镇乃至其他县区。霞峰村由此而成为著名的"黄金桃之乡"，现注册为"汶源黄桃"。现在，霞峰村桃树栽植面积占总面积的85%以上，山滩开发300余亩，达到了人均1亩桃园。

（十）当前农业生产存在的主要问题
农业综合生产能力不强，品牌不突出

（十一）总体生态环境自我评价

良	（优、良、中、差）

（十二）总体生活状况（质量）自我评价

优	（优、良、中、差）

（十三）其他

无

二、2014年全县种植的粮食作物情况

作物名称	种植面积（亩）	种植品种数目							具有保健、药用、工艺品、宗教等特殊用途品种		
		地方品种				培育品种					
		数目	代表性品种			数目	代表性品种			名称	用途	单产（千克/亩）
			名称	面积（亩）	单产（千克/亩）		名称	面积（亩）	单产（千克/亩）			
小麦	9 800					4	鲁麦21	1 800	400			
							冀麦20	900	300			
							鲁麦23	2 600	400			
							冀麦21	4 500	400			
玉米	55 600					5	农大108	20 000	500			
							鲁单981	10 000	500			
							登海3622	12 000	600			
							隆平206	8 000	600			
							登海509	5 600	600			
谷子	500	2	母鸡嘴	100	300		鲁登4	170	400			
			小黄米	30	250		张杂谷	200	500			
高粱	72					2	杂交2号	40	400			
							鲁杂交1号	32	500			
大豆	530					3	鲁豆4号	200	200			
							何豆2号	130	250			
							早熟1号	200	250			

（续表）

作物名称	种植面积（亩）	种植品种数目									具有保健、药用、工艺品、宗教等特殊用途品种		
		地方品种					培育品种				名称	用途	单产（千克/亩）
		数目	代表性品种			数目	代表性品种						
			名称	面积（亩）	单产（千克/亩）		名称	面积（亩）	单产（千克/亩）				
甘薯	6 000					5	徐薯18	1 500	4 000				
							济薯5号	3 000	3 500				
							南京92	500	3 500				
							红地瓜	500	4 000				
							可红一号	500	3 500				
豇豆	346					2	之豇28-2	246	1 500				
							强唐豆角	100	1 500				

三、2014年全县种植的油料、蔬菜、果树、茶、桑、棉麻等主要经济作物情况

作物名称	种植面积（亩）	种植品种数目									具有保健、药用、工艺品、宗教等特殊用途品种			作物种类
		地方或野生品种					培育品种				名称	用途	单产（千克/亩）	
		数目	代表性品种			数目	代表性品种							
			名称	面积（亩）	单产（千克/亩）		名称	面积（亩）	单产（千克/亩）					
花生	45 000					5	花育37	15 000	300					经济作物
							高油王	5 000	250					
							大白沙	5 000	250					
							花冠60	10 000	300					
							丰花1号	10 000	300					
棉花	800					3	鲁棉21	300	150					经济作物
							懒汉棉	300	130					
							鲁棉22	200	125					
芹菜	800					3	津南实芹	400	5 000					蔬菜
							玻璃芹	200	5 000					
							西芹	200	5 000					
油菜	2 000					3	德高油菜	800	2 500					经济作物
							四月慢	700	2 500					
							上海青	500	2 500					
菠菜	1 700					2	尖菠	700	1 500					蔬菜
							圆菠	1 000	1 500					

（续表）

作物名称	种植面积（亩）	种植品种数目								具有保健、药用、工艺品、宗教等特殊用途品种			作物种类
		地方或野生品种				培育品种				名称	用途	单产（千克/亩）	
		数目	代表性品种			数目	代表性品种						
			名称	面积（亩）	单产（千克/亩）		名称	面积（亩）	单产（千克/亩）				
大白菜	20 747					5	北京新1号	8 000	7 000				蔬菜
							德高1号	5 000	8 000				
							德高小康王	2 500	8 000				
							天鹿	2 500	9 000				
							丰抗80	2 747	10 000				
结球甘蓝	125					2	中甘11号	65	2 500				蔬菜
							8398	60	2 500				
萝卜	1 572					3	大红袍	500	3 000				蔬菜
							大青皮	700	4 000				
							潍夏萝卜	372	4 000				
胡萝卜	98					2	五寸参	40	3 000				蔬菜
							八寸参	58	4 000				
生姜	2 010					2	莱芜大姜	1 510	3 000				蔬菜
							小姜	500	2 000				
马铃薯	3 427					2	荷兰15	2 427	3 000				蔬菜
							鲁引1号	1 000	4 000				
黄瓜	1 885					3	津研4号	600	5 000				蔬菜
							密刺	285	4 000				
							水果黄瓜	1 000	5 000				
南瓜	25					2	蜜本南瓜	15	3 000				蔬菜
							日本南瓜	10	2 000				
菜豆	675					2	老事少	375	1 500				蔬菜
							九粒白	300	1 250				
茄子	1 442					2	郭庄茄子	642	3 000				蔬菜
							面包茄	800	4 000				
辣椒	622					2	羊角椒	300	1 500				蔬菜
							圆椒	322	1 500				
番茄	838					3	生粉802	400	2 500				蔬菜
							2402	238	2 500				
							齐圆	200	2 500				

（续表）

作物名称	种植面积（亩）	种植品种数目								具有保健、药用、工艺品、宗教等特殊用途品种			作物种类
		地方或野生品种				培育品种				名称	用途	单产（千克/亩）	
		数目	代表性品种			数目	代表性品种						
			名称	面积（亩）	单产（千克/亩）		名称	面积（亩）	单产（千克/亩）				
大葱	1 297					2	章丘大葱	397	5 000				蔬菜
							鸡腿葱	900	4 000				
大蒜	3 613					2	红皮大蒜	1 500	1 000				蔬菜
							杂交蒜	2 113	1 500				
莲	87					1	鄂莲5号	87	1 000				蔬菜
苹果	9 378					4	红富士	3 378	5 000				果树
							红星	1 000	5 000				
							国光	2 000	5 000				
							金帅	3 000	5 000				
梨	1 079					2	雪梨	600	4 000				果树
							巴梨	479	4 000				
葡萄	186					2	巨丰	100	10 000				果树
							红提	86	10 000				
桃	50 000	1	黄金蜜桃	20 000	2 500	2	蟠桃	10 000	3 000				果树
							红冠蜜	20 000	3 000				

平阴县

"第三次全国农作物种质资源普查与收集"普查表
（1956年）

| 填表人： | 张兴德 | 日期： | 2020 | 年 | 9 | 月 | 1 | 日 | 联系电话： | |

一、1956年基本情况

（一）县名

平阴县

（二）历史沿革（名称、地域、区划变化）

1949年10月1日中华人民共和国成立后，属泰西专区。1950年5月至1956年12月底属泰安专区。

（三）行政区划

县辖：	21	个乡/镇	367	个村	县城所在地：	城关镇

（四）地理系统

海拔范围	35.5	~	494.8	米	经度范围	116.2	°	~	116.616 667	°
纬度范围	36.016 67	°	~	36.383 333	°	年均气温	13.20	℃，年均降水量	350.2	毫米

（五）人口及民族状况

总人口数：	24.797 6	万人	其中农业人口：		24.206 7		万人
少数民族数量：	4	个，其中人口总数排名前10的民族信息：					
民族：	回族	人口：	0.010 5	万人，民族：	满族	人口：	0.001 8	万人
民族：	蒙古族	人口：	0.001 2	万人，民族：	朝鲜族	人口：	0.001 1	万人
民族：		人口：		万人，民族：		人口：		万人
民族：		人口：		万人，民族：		人口：		万人
民族：		人口：		万人，民族：		人口：		万人

（六）土地状况

县总面积：	895	平方千米	耕地面积：	41.786 3	万亩
草场面积：	0	万亩	林地面积：	6.959 4	万亩
湿地（滩涂）面积：	0	万亩	水域面积：	10.51	万亩

（七）经济状况

生产总值：	265 4	万元，工业总产值：	325	万元
农业总产值：	232 9	万元，粮食总产值：	180 7	万元
经济作物总产值：	217	万元，畜牧业总产值：	245	万元
水产总产值：	25.38	万元，人均收入：	45.48	元

（八）受教育情况

高等教育：	0	%	中等教育：	1	%
初等教育：	10.8	%	未受教育：	88.2	%

（续表）

（九）特有资源及利用情况
无

（十）当前农业生产存在的主要问题
作物产量低

（十一）总体生态环境自我评价

中	（优、良、中、差）

（十二）总体生活状况（质量）自我评价

中	（优、良、中、差）

（十三）其他
无

二、1956年全县种植的粮食作物情况

作物名称	种植面积（亩）	种植品种数目								具有保健、药用、工艺品、宗教等特殊用途品种		
		地方品种				培育品种				名称	用途	单产（千克/亩）
		数目	代表性品种			数目	代表性品种					
			名称	面积（亩）	单产（千克/亩）		名称	面积（亩）	单产（千克/亩）			
小麦	386 750	3	小火麦	25 000	30	4	碧玛一号	80 000	39			
			小红芒	12 000	28		碧玛四号	70 000	39			
			大青稞	9 750	35		齐大195	100 000	41			
							泗水38	90 000	43			
玉米	111 551	2	小火棒	6 100	40	2	金皇后	50 000	57			
			小粒红	5 451	42		白马牙	50 000	58			
甘薯	63 837					1	胜利百号	63 837	160			
谷子	79 617	2	柳条青	20 000	65	1	恒农4号	44 610	78.5			
			母鸡嘴	15 007	64							
高粱	86 518	1	本地高粱	86 518	67.5							
大豆	137 468	4	大白皮	28 290	39.5							
			四角齐	33 418	39							
			八月炸	34 000	38							
			牛毛黄	41 760	39							

（续表）

三、1956年全县种植的油料、蔬菜、果树、茶、桑、棉麻等主要经济作物情况

作物名称	种植面积（亩）	种植品种数目								具有保健、药用、工艺品、宗教等特殊用途品种			作物种类
		地方或野生品种				培育品种							
		数目	代表性品种			数目	代表性品种			名称	用途	单产（千克/亩）	
			名称	面积（亩）	单产（千克/亩）		名称	面积（亩）	单产（千克/亩）				
棉花	35 371					1	岱字棉	35 371	12				经济作物
花生	3 300	1	本地花生	3 300	40								经济作物
桑树	40	1	本地桑	40	400								经济作物
苹果	896.5	1	本地苹果	896.5	4.4								果树
梨	91.2	1	本地梨	91.2	6.3								果树
葡萄	128.5	1	本地葡萄	128.5	4.6								果树
枣	6 755	1	本地枣	6 755	1.2								果树
桃	9 175.2	1	本地桃	9 175.2	0.6								果树
杏	6 660.5	1	本地杏	6 660.5	0.9								果树
柿	5 801	1	本地柿	5 801	0.9								果树
山楂	60	1	本地山楂	60	6.2								果树
核桃	796	1	本地核桃	796	0.1								果树

"第三次全国农作物种质资源普查与收集"普查表
（1981年）

填表人：	张兴德	日期：	2020	年	9	月	1	日	联系电话：	

一、1981年基本情况

（一）县名	平阴县

（二）历史沿革（名称、地域、区划变化）

> 1950年5月至1959年1月底属泰安专区，1959年1月30日撤销平阴县并入东平，划归聊城专区，1959年9月14日，恢复平阴县，划归济南市。1960年1月22日，划归菏泽专区，3月28日，划归济南市。1961年7月22日划归泰安专区，至1981年平阴县归泰安专区。

（三）行政区划

县辖：	13	个乡/镇	371	个村	县城所在地：	城关镇

（续表）

（四）地理系统

海拔范围	35.5	~	494.8	米	经度范围	116.2	°	~	116.616 667	°
纬度范围	36.016 67	°	~	36.383 333	°	年均气温	13.6	℃，年均降水量	327.8	毫米

（五）人口及民族状况

总人口数：	35.211 8	万人	其中农业人口：		32.918 2		万人
少数民族数量：	5	个，其中人口总数排名前10的民族信息：					
民族：	回族	人口：	0.016 6	万人，民族	满族	人口： 0.000 9	万人
民族：	朝鲜族	人口：	0.000 5	万人，民族	蒙古族	人口： 0.000 3	万人
民族：	壮族	人口：	0.000 2	万人，民族		人口：	万人
民族：		人口：		万人，民族		人口：	万人
民族：		人口：		万人，民族		人口：	万人

（六）土地状况

县总面积：	900	平方千米	耕地面积：	46.429 5	万亩
草场面积：	0	万亩	林地面积：	21.360 2	万亩
湿地（滩涂）面积：	15.23	万亩	水域面积：	6.01	万亩

（七）经济状况

生产总值：	18 682	万元，工业总产值：	9 940	万元
农业总产值：	8 742	万元，粮食总产值：	5 729	万元
经济作物总产值：	834	万元，畜牧业总产值：	1 058	万元
水产总产值：	54	万元，人均收入：	210	元

（八）受教育情况

高等教育：	0.18	%	中等教育：	28	%
初等教育：	39.2	%	未受教育：	32.62	%

（九）特有资源及利用情况

由平阴县选出玫瑰红苹果在山东省第七次苹果良种鉴定会定名，玫瑰红苹果在平阴县及周边县大力推广，种植面积扩大

（十）当前农业生产存在的主要问题

农作物新品种替代老品种的进度慢

（十一）总体生态环境自我评价

中	（优、良、中、差）

（十二）总体生活状况（质量）自我评价

中	（优、良、中、差）

（十三）其他

无

（续表）

二、1981年全县种植的粮食作物情况

作物名称	种植面积（亩）	种植品种数目								具有保健、药用、工艺品、宗教等特殊用途品种		
		地方品种				培育品种						
		数目	代表性品种			数目	代表性品种			名称	用途	单产（千克/亩）
			名称	面积（亩）	单产（千克/亩）		名称	面积（亩）	单产（千克/亩）			
小麦	283 886					7	济南13	89 000	175			
							鲁麦1号	95 000	175			
							泰山3号	30 000	175			
							高38	22 000	175			
							昌乐5号	20 000	180			
玉米	178 033					6	中单2号	32 100	200			
							郑单2号	25 000	200			
							泰单25号	25 000	208			
							丹玉6号	41 000	210			
							鲁玉2号	45 600	215			
甘薯	114 673					5	南京92号	15 000	200			
							一窝红	14 673	200			
							农大红	20 000	268			
							丰收白	20 000	250			
							徐薯18	45 000	282			
谷子	36 384					5	70-25	8 200	100			
							鲁谷一号	6 184	108			
							鲁谷二号	5 000	100			
							鲁谷四号	8 000	104			
							鲁谷七号	9 000	110			
高粱	17 428	1	平阴高粱	17 428	97							
大豆	53 774					4	齐黄1号	13 226	80.5			
							东懈1号	10 000	82			
							鲁光4号	11 000	85			
							跃进5号	19 548	115			

（续表）

三、1981年全县种植的油料、蔬菜、果树、茶、桑、棉麻等主要经济作物情况

作物名称	种植面积（亩）	种植品种数目								具有保健、药用、工艺品、宗教等特殊用途品种			作物种类
		地方或野生品种				培育品种				名称	用途	单产（千克/亩）	
		数目	代表性品种			数目	代表性品种						
			名称	面积（亩）	单产（千克/亩）		名称	面积（亩）	单产（千克/亩）				
棉花	23 076					3	岱字棉15号	5 976	38.4				经济作物
							鲁棉1号	8 500	42				
							中棉新10号	8 600	39				
桑树	3 600	1	本地桑	3 600	1 800								经济作物
苹果	8 015					2	玫瑰红苹果	3 215	1 200				果树
							红星苹果	4 800	1 100				

"第三次全国农作物种质资源普查与收集"普查表
（2014年）

填表人：	张兴德	日期：	2020	年	9	月	1	日	联系电话：	

一、2014年基本情况

（一）县名　　平阴县

（二）历史沿革（名称、地域、区划变化）

1985年3月27日平阴县由泰安市划归济南市，至2014年平阴县归济南市。

（三）行政区划

县辖	8	个乡/镇	337	个村	县城所在地	榆山和锦水街道

（四）地理系统

海拔范围	35.5	~	494.8	米	经度范围	116.2	°　~	116.616 667	°
纬度范围	36.016 67	°　~	36.383 333	°	年均气温	14.9	℃，年均降水量	537.8	毫米

（五）人口及民族状况

总人口数：	37.413 7	万人	其中农业人口：	27	万人
少数民族数量：	24	个，其中人口总数排名前10的民族信息：			
民族：	回族	人口：	0.016 1	万人，民族：	满族	人口：	0.010 7	万人
民族：	傈僳族	人口：	0.004 1	万人，民族：	蒙古族	人口：	0.003 8	万人
民族：	壮族	人口：	0.003 6	万人，民族：	苗族	人口：	0.003 2	万人
民族：	彝族	人口：	0.001 6	万人，民族：	白族	人口：	0.001 3	万人
民族：	土家族	人口：	0.001 2	万人，民族：	景颇族	人口：	0.001 0	万人

（续表）

（六）土地状况

县总面积：	827	平方千米	耕地面积：	50.182 5	万亩
草场面积：	6.042 6	万亩	林地面积：	15.789 9	万亩
湿地（滩涂）面积：	13.44	万亩	水域面积：	4.821 8	万亩

（七）经济状况

生产总值：	2 146 969	万元，工业总产值	1 205 664	万元
农业总产值：	380 130	万元，粮食总产值	56 689	万元
经济作物总产值：	18 340	万元，畜牧业总产值	169 776	万元
水产总产值：	3 163	万元，人均收入	22 879	元

（八）受教育情况

高等教育：	19.91	%	中等教育：	50.2	%
初等教育：	19.7	%	未受教育：	10.19	%

（九）特有资源及利用情况

玫瑰红苹果全县发展近6万亩，占整个林果面积30%。

（十）当前农业生产存在的主要问题

转变农业发展方式，农业产业结构调整需加快。

（十一）总体生态环境自我评价

良	（优、良、中、差）

（十二）总体生活状况（质量）自我评价

良	（优、良、中、差）

（十三）其他

无

二、2014年全县种植的粮食作物情况

作物名称	种植面积（亩）	种植品种数目								具有保健、药用、工艺品、宗教等特殊用途品种		
		地方品种				培育品种						
		数目	代表性品种			数目	代表性品种			名称	用途	单产（千克/亩）
			名称	面积（亩）	单产（千克/亩）		名称	面积（亩）	单产（千克/亩）			
小麦	223 005					10	济麦22	170 000	395			
							济南17	30 000	370			
							邯6172	3 300	370			
							鲁原502	5 000	400			
							临麦4号	3 500	395			
玉米	219 225					29	郑单958	41 000	500			
							浚单20	29 000	500			
							金海5号	19 000	485			
							先玉335	15 000	500			
							农华101	6 000	498			

（续表）

作物名称	种植面积（亩）	种植品种数目								具有保健、药用、工艺品、宗教等特殊用途品种		
		地方品种				培育品种				名称	用途	单产（千克/亩）
		数目	代表性品种			数目	代表性品种					
			名称	面积（亩）	单产（千克/亩）		名称	面积（亩）	单产（千克/亩）			
甘薯	35 340					9	烟薯25	8 000	2 014			
							徐薯18	8 000	2 300			
							济徐23	5 000	2 400			
							济薯21	6 000	2 305			
							北京553	2 000	2 400			
谷子	13 125					10	济谷15	2 000	210			
							济谷16	1 000	215			
							黄金谷	3 000	230			
							鲁谷11	2 000	240			
							千斤不倒	3 000	260			
高粱	675	1	平阴高粱	675	260							
大豆	28 695					9	鲁豆11	4 000	169			
							鲁豆10	5 000	160			
							齐黄32	8 000	170			
							齐黄31	4 000	180			
							中黄40	4 000	176			
马铃薯	36 100					4	荷兰七号	15 000	2 500			
							克新一号	4 000	2 200			
							早大白	15 000	2 500			
							薯引一号	2 100	2 300			

三、2014年全县种植的油料、蔬菜、果树、茶、桑、棉麻等主要经济作物情况

作物名称	种植面积（亩）	种植品种数目								具有保健、药用、工艺品、宗教等特殊用途品种			作物种类
		地方或野生种				培育品种				名称	用途	单产（千克/亩）	
		数目	代表性品种			数目	代表性品种						
			名称	面积（亩）	单产（千克/亩）		名称	面积（亩）	单产（千克/亩）				
棉花	50 460					12	鲁棉研28	8 000	83				经济作物
							鲁棉研21	6 500	78				
							鲁棉研22	8 000	79				
							鲁棉研18	2 500	82				
							鲁棉研32	9 000	85				

（续表）

作物名称	种植面积（亩）	种植品种数目								具有保健、药用、工艺品、宗教等特殊用途品种			作物种类
		地方或野生品种				培育品种							
		数目	代表性品种			数目	代表性品种			名称	用途	单产（千克/亩）	
			名称	面积（亩）	单产（千克/亩）		名称	面积（亩）	单产（千克/亩）				
花生	29 850					8	鲁花11	4 000	330				经济作物
							花育19	5 000	315				
							花育16	8 000	308				经济作物
							花育30	4 000	320				
							鲁花10	4 000	265				
芝麻	1 695	1	平阴芝麻	1 695	80								经济作物
大白菜	27 000					7	北京新三号	21 000	6 500				蔬菜
							天津绿	1 300	6 500				
							丰抗80	1 300	6 000				
							小杂56	1 300	4 000				
							丰抗70	1 300	6 000				
西瓜	13 905					8	京欣1号	2 100	3 300				蔬菜
							郑杂5号	1 300	3 200				
							金钟冠龙	2 000	3 000				
							高抗8号	2 000	5 000				
							新红宝	3 000	5 000				
苹果	15 600	1	平阴苹果	15 600	3 100								果树
梨	300	1	平阴梨	300	670								果树
桃	3 400	1	平阴桃	3 400	1 600								果树
葡萄	1 000	1	平阴葡萄	1 000	1 200								果树
杏	4 000	1	平阴杏	4 000	1 500								果树
核桃	54 100	1	平阴核桃	54 100	75								果树
樱桃	1 800	1	平阴樱桃	1 800	150								果树

济阳区

"第三次全国农作物种质资源普查与收集"普查表
（1956年）

| 填表人： | 许增海、闫杏杏 | 日期： | 2020 | 年 | 11 | 月 | 19 | 日 | 联系电话： | |

一、1956年基本情况

（一）县名 济阳区

（二）历史沿革（名称、地域、区划变化）

> 1943年7月，抗日民主政权冀鲁边行政区，将济阳县并入齐济县。1944年1月，撤销齐济县，恢复济阳县，济阳县属渤海行政区二专区。1949年7月25日撤销二专区，建立泺北专区，济阳县属泺北专区。新中国成立以后，济阳县自1950年5月9日起属德州专区，1956年2月24日改属惠民专区。

（三）行政区划

| 县辖： | 87 | 个乡/镇 | 843 | 个村 | 县城所在地： | 城关镇驻地 |

（四）地理系统

| 海拔范围 | 14 | ～ | 23.8 | 米 | 经度范围 | 116.52 | ° | ～ | 117.27 | ° |
| 纬度范围 | 36.41 | ° | ～ | 37.15 | ° | 年均气温 | 12.8 | ℃, | 年均降水量 | 500 | 毫米 |

（五）人口及民族状况

总人口数：	37.454 6	万人	其中农业人口：	34.905 5		万人
少数民族数量：	1	个，其中人口总数排名前10的民族信息：				
民族：	回族	人口：	0.12	万人，民族：	人口：	万人
民族：		人口：		万人，民族：	人口：	万人
民族：		人口：		万人，民族：	人口：	万人
民族：		人口：		万人，民族：	人口：	万人
民族：		人口：		万人，民族：	人口：	万人

（六）土地状况

县总面积：	1 098.8	平方千米	耕地面积：	135.189 5	万亩
草场面积：		万亩	林地面积：	0.820 1	万亩
湿地（滩涂）面积：		万亩	水域面积：		万亩

（七）经济状况

生产总值：	6 976	万元，工业总产值：	705	万元
农业总产值：	6 271	万元，粮食总产值：		万元
经济作物总产值：		万元，畜牧业总产值：	753	万元
水产总产值：	251	万元，人均收入：	86	元

（八）受教育情况

高等教育：	0	%	中等教育：	0.29	%
初等教育：	14.39	%	未受教育：	85.32	%

（续表）

（九）特有资源及利用情况
黄河大米，颗粒晶莹，黏软适口，名播冀鲁；黄河鲤鱼久负盛名；圆铃大枣个大肉肥，用它熏制的乌枣甘甜如饴。

（十）当前农业生产存在的主要问题

土地盐碱化较重，水利设施不完善。

（十一）总体生态环境自我评价

中	（优、良、中、差）

（十二）总体生活状况（质量）自我评价

差	（优、良、中、差）

（十三）其他

无

二、1956年全县种植的粮食作物情况

作物名称	种植面积（亩）	种植品种数目								具有保健、药用、工艺品、宗教等特殊用途品种		
		地方品种				培育品种				名称	用途	单产（千克/亩）
		数目	代表性品种			数目	代表性品种					
			名称	面积（亩）	单产（千克/亩）		名称	面积（亩）	单产（千克/亩）			
小麦	734 950	1	济阳蚰子麦	132 000	47	10	平原50	150 150	47.65			
							农大162	130 000	47			
							农大183	145 000	18			
							碧蚂1号	141 000	46			
							碧蚂4号	36 800	40			
玉米	276 538	4	济阳小粒红	92 460	74.60							
			济阳二秋	67 160	76							
			济阳白马牙	59 870	75.2							
			济阳灯粒红	57 048	73.9							
高粱	60 165	10	济阳打锣锤	9 657	58.46							
			济阳竹竿青	8 642	60							
			济阳歪脖子	7 650	61.2							
			济阳黄伞罗	6 990	57.1							
			济阳三尺三	6 500	56.9							
谷子	266 084	3	济阳狼尾谷	52 000	101.08	1	鲁金一号	140 000	120			
			济阳金钱子	34 200	97							
			济阳粘谷	39 884	98							

（续表）

作物名称	种植面积（亩）	种植品种数目								具有保健、药用、工艺品、宗教等特殊用途品种		
		地方品种				培育品种				名称	用途	单产（千克/亩）
		数目	代表性品种			数目	代表性品种					
			名称	面积（亩）	单产（千克/亩）		名称	面积（亩）	单产（千克/亩）			
甘薯	101 530	1	济阳一窝红	6 800	120	10	济薯1号	23 000	148			
							济薯2号	12 000	160			
							烟薯1号	24 000	155			
							鲁薯1号	12 000	150			
							鲁薯5号	13 000	140			
水稻	1 000					3	农垦39	500	40			
							农垦40	300	42			
							小站101	200	40			
大豆	324 669	10	济阳连叶黄豆	70 000	84	1	鲁豆一号	20 000	160			
			济阳爬蔓青	60 000	80							
			济阳绕山滚	50 000	79							
			历城小粒红	50 000	90							
			惠民铁竹竿	60 000	90							

三、1956年全县种植的油料、蔬菜、果树、茶、桑、棉麻等主要经济作物情况

作物名称	种植面积（亩）	种植品种数目								具有保健、药用、工艺品、宗教等特殊用途品种			作物种类
		地方或野生品种				培育品种				名称	用途	单产（千克/亩）	
		数目	代表性品种			数目	代表性品种						
			名称	面积（亩）	单产（千克/亩）		名称	面积（亩）	单产（千克/亩）				
花生	93 860	3	济阳一窝猴	24 000	97	1	白沙1016	22 595	120				经济作物
			济阳伏花生	23 800									
			济阳油果	23 465									
棉花	170 697	2	济阳小红桃	58 899	16	1	中棉200	54 899	32				经济作物
			济阳小紫花	56 899	18								

"第三次全国农作物种质资源普查与收集"普查表
（1981年）

填表人：	许增海、 闫杏杏	日期：	2020	年	11	月	9	日	联系电话：	

一、1981年基本情况

（一）县名

济阳区

（二）历史沿革（名称、地域、区划变化）

1943年7月，抗日民主政权冀鲁边行政区，将济阳县并入齐济县。1944年1月，撤销齐济县，恢复济阳县，济阳县属渤海行政区二专区。1949年7月25日撤销二专区，建立泺北专区，济阳县属泺北专区。新中国成立以后，济阳县自1950年5月9日起属德州专区，1956年2月24日改属惠民专区。1958年12月29日济阳县并入临邑县，属聊城专区，1960年秋改属淄博专区。1961年10月5日济阳县建制恢复，属德州专区（1978年7月1日德州专区改称德州地区）。

（三）行政区划

县辖	20	个乡/镇	846	个村	县城所在地：	城关公社驻地

（四）地理系统

海拔范围	14	~	23.8	米	经度范围	116.52	°	~	117.27	°
纬度范围	36.41	°	~	37.15	°	年均气温	14	℃，年均降水量	500	毫米

（五）人口及民族状况

总人口数：	46.312 9	万人	其中农业 人口：	44.547 6		万人	
少数民族数量：	3	个，其中人口总数排名前10的民族信息：					
民族：	回族	人口：	0.5	万人，民族：	满族	人口：	0.001 2	万人
民族：	蒙古族	人口：	0.001 4	万人，民族：		人口：		万人

民族：		人口：		万人，民族：		人口：		万人
民族：		人口：		万人，民族：		人口：		万人
民族：		人口：		万人，民族：		人口：		万人

（六）土地状况

县总面积：	1 098.8	平方千米	耕地面积：	100.05	万亩
草场面积：	0	万亩	林地面积：	9.851 8	万亩
湿地（滩涂）面积：	0.222 3	万亩	水域面积：	20.857 3	万亩

（七）经济状况

生产总值：	172 360	万元，工业总产值：	4 870	万元
农业总产值：	12 366	万元，粮食总产值：	8 150	万元
经济作物总产值：	3 547	万元，畜牧业总产值：	989	万元
水产总产值：		万元，人均收入：	372	元

（八）受教育情况

高等教育：	0.057	%	中等教育：	2.359	%
初等教育：	16.527	%	未受教育：	81.057	%

（续表）

（九）特有资源及利用情况
绿豆、红小豆是传统的出口商品，深受外商欢迎；"济桑皮"为中草药名品，大量出口。

（十）当前农业生产存在的主要问题
全县刚实行联产承包生产责任制，土地贫瘠，缺乏良种良法。

（十一）总体生态环境自我评价

中	（优、良、中、差）

（十二）总体生活状况（质量）自我评价

中	（优、良、中、差）

（十三）其他

无

二、1981年全县种植的粮食作物情况

作物名称	种植面积（亩）	种植品种数目								具有保健、药用、工艺品、宗教等特殊用途品种		
		地方品种				培育品种				名称	用途	单产（千克/亩）
		数目	代表性品种			数目	代表性品种					
			名称	面积（亩）	单产（千克/亩）		名称	面积（亩）	单产（千克/亩）			
小麦	430 100					10	济南13	220 000	228			
							烟农15	100 000	220			
							泰山5号	100 000	230			
							山辐63	25 000	225			
							晋麦21	25 000	236			
玉米	298 000	2	济阳小粒红	4 000	100	8	掖单2号	99 333	350			
			济阳小趟白	4 000	120		鲁原单14号	54 500	300			
							烟单14号	38 000	212			
							聊玉5号	20 000	218			
							单玉6号	20 000	226			
甘薯	64 400	1	济阳丰收白	1 800	200	3	济南红	20 000	235.47			
							烟薯四号	22 600	240			
							济薯一号	20 000	237			
大豆	102 700	1	济阳大粒黑豆	50 000	100	1	美国九号	52 700	106.36			
水稻	13 700					10	丰优6	5 480	350			
							京引119	4 110	276			
							黎优57	1 096	260			
							日本晴	800	282			
							湘矮旱九号	860	275			
谷子	6 600					3	鲁谷5号	2 200	101.67			
							鲁谷9号	2 400	100			
							聊农6号	2 000	103			

（续表）

作物名称	种植面积（亩）	种植品种数目								具有保健、药用、工艺品、宗教等特殊用途品种		
		地方品种				培育品种				名称	用途	单产（千克/亩）
		数目	代表性品种			数目	代表性品种					
			名称	面积（亩）	单产（千克/亩）		名称	面积（亩）	单产（千克/亩）			
高粱	15 100	1	济阳杂交高粱	15 100	72.45							

三、1981年全县种植的油料、蔬菜、果树、茶、桑、棉麻等主要经济作物情况

作物名称	种植面积（亩）	种植品种数目								具有保健、药用、工艺品、宗教等特殊用途品种			作物种类
		地方或野生品种				培育品种				名称	用途	单产（千克/亩）	
		数目	代表性品种			数目	代表性品种						
			名称	面积（亩）	单产（千克/亩）		名称	面积（亩）	单产（千克/亩）				
花生	78 900					5	海花1号	15 780	99.5				经济作物
							鲁花1号	15 000	98				
							徐州66-4	16 560	101				
							徐州68-4	16 400	100.5				经济作物
							白沙171	15 160	102				
棉花	195 000					10	鲁棉1号	117 000	70				经济作物
							鲁棉6号	39 000	58				
							鲁棉9	10 060	34.8				
							优系43	18 900	36				
							中棉17	7 800	35				

"第三次全国农作物种质资源普查与收集"普查表
（2014年）

填表人：	许增海、闫杏杏	日期：	2020	年	11	月	17	日	联系电话：	

一、2014年基本情况

（一）县名　　济阳区

（二）历史沿革（名称、地域、区划变化）

1943年7月，抗日民主政权冀鲁边行政区，将济阳县并入齐济县。1944年1月，撤销齐济县，恢复济阳县，济阳县属渤海行政区二专区。1949年7月25日撤销二专区，建立泺北专区，济阳县属泺北专区。新中国成立以后，济阳县自1950年5月9日起属德州专区，1956年2月24日改属惠民专区。1958年12月29日济阳县并入临邑县，属聊城专区，1960年秋改属淄博专区。1961年10月5日济阳县建制恢复，属德州专区（1978年7月1日德州专区改称德州地区）。1990年1月1日，划归济南市，为市管县。

（续表）

（三）行政区划

县辖：	10	个乡/镇	850	个村	县城所在地：	济阳街道、济北街道

（四）地理系统

海拔范围	14	~	23.8	米	经度范围	116.52	°	~	117.27	°
纬度范围	36.41	°	~	37.15	°	年均气温	12	℃，年均降水量	500	毫米

（五）人口及民族状况

总人口数：	57.22	万人	其中农业人口：	44.5	万人
少数民族数量：	24	个，其中人口总数排名前10的民族信息：			

民族：	回族	人口：	1.21	万人，民族：	满族	人口：	0.007 1	万人
民族：	蒙古族	人口：	0.007 0	万人，民族：	傈僳族	人口：	0.004 4	万人
民族：	彝族	人口：	0.003 2	万人，民族：	苗族	人口：	0.002 8	万人
民族：	藏族	人口：	0.001 7	万人，民族：	白族	人口：	0.001 7	万人
民族：	土家族	人口：	0.001 6	万人，民族：	维吾尔族	人口：	0.001 0	万人

（六）土地状况

县总面积：	1 098.8	平方千米	耕地面积：	100.05	万亩
草场面积：	0.75	万亩	林地面积：	7.12	万亩
湿地（滩涂）面积：	0.33	万亩	水域面积：	21	万亩

（七）经济状况

生产总值：	2 606 200	万元，工业总产值：	1 165 000	万元
农业总产值：	353 300	万元，粮食总产值：	98 300	万元
经济作物总产值：	255 000	万元，畜牧业总产值：	133 600	万元
水产总产值：	7 500	万元，人均收入：	17 516	元

（八）受教育情况

高等教育：	15	%	中等教育：	40	%
初等教育：	15	%	未受教育：	30	%

（九）特有资源及利用情况

绿豆、红小豆是传统的出口商品，深受外商欢迎；"济桑皮"为中草药名品，大量出口。

（十）当前农业生产存在的主要问题

（十一）总体生态环境自我评价

优	（优、良、中、差）

（十二）总体生活状况（质量）自我评价

中	（优、良、中、差）

（十三）其他

土地状况中后4项为2018年数据，由自然资源局提供。

（续表）

二、2014年全县种植的粮食作物情况

作物名称	种植面积（亩）	种植品种数目								具有保健、药用、工艺品、宗教等特殊用途品种		
		地方品种				培育品种				名称	用途	单产（千克/亩）
		数目	代表性品种			数目	代表性品种					
			名称	面积（亩）	单产（千克/亩）		名称	面积（亩）	单产（千克/亩）			
小麦	699 000					10	济麦22	236 000	480			
							鲁原502	212 000	475			
							良星77	91 000	475			
							泰农18	40 000	471			
							山农28	36 000	472			
玉米	617 311					10	郑单958	137 000	530			
							浚单20	120 311	536			
							农华101	80 600	526			
							先玉335	75 000	526			
							登海605	106 000	535			
水稻	22 342	2	天禾1号	5	550	3	盐丰47	15 800	550			
			清风香糯	3	400		圣稻1	3 200	550			
							辽河1	3 334	550			
大豆	14 395					2	荷豆	7 735	205			
							中黄57	6 660	203			
豇豆	2 200					2	豇豆28-2	1 200	2 100			
							豇豆901	1 000	1 980			
扁豆	5 200					3	芸丰623	2 100	1 800			
							老来少	2 000	1 600			
							绿龙	1 100	1 500			

三、2014年全县种植的油料、蔬菜、果树、茶、桑、棉麻等主要经济作物情况

作物名称	种植面积（亩）	种植品种数目								具有保健、药用、工艺品、宗教等特殊用途品种			作物种类
		地方或野生品种				培育品种				名称	用途	单产（千克/亩）	
		数目	代表性品种			数目	代表性品种						
			名称	面积（亩）	单产（千克/亩）		名称	面积（亩）	单产（千克/亩）				
花生	30 070					4	丰花1号	7 500	338				经济作物
							海花8号	7 517	342				
							丰花5号	7 468	336				
							花育25号	7 585	345				

（续表）

作物名称	种植面积（亩）	种植品种数目									具有保健、药用、工艺品、宗教等特殊用途品种			作物种类
		地方或野生品种				培育品种					名称	用途	单产（千克/亩）	
		数目	代表性品种			数目	代表性品种							
			名称	面积（亩）	单产（千克/亩）		名称	面积（亩）	单产（千克/亩）					
黄瓜	67 790					11	德瑞特系列	20 060	11 062					蔬菜
							绿丰系列	14 700	11 215					
							博美系列	10 494	11 000					
							津优35	10 000	10 896					
							科润99	10 000	10 678					
番茄	63 343					10	3689	14 121	4 520					蔬菜
							冠群系列	17 080	4 510					
							天禧粉贝贝	11 000	4 499					
							甲粉系列	11 142	4 300					
							瑞星4号	7 400	4 260					
棉花	30 200					2	鲁棉研28	20 000	75.3					经济作物
							鲁棉研21	10 200	72					
菠菜	14 561					2	日本大叶菠菜	7 842	1 300					蔬菜
							上海圆叶菠菜	6 719	1 200					
大白菜	10 630					10	山东70	2 246	5 890					蔬菜
							丰抗80	2 135	5 850					
							丰抗90	1 890	4 980					
							山东80	1 670	4 760					
							北京3号	986	4 810					
辣椒	13 010					10	红罗丹	3 400	4 000					蔬菜
							凯莱	2 600	3 900					
							凯丽	2 200	3 800					
							奥黛丽	1 900	3 690					
							奥阳	900	3 480					
结球甘蓝	5 000					3	中甘11	2 000	5 000					蔬菜
							8398	1 600	4 800					
							中甘15	1 400	4 760					
萝卜	2 000					2	潍县青萝卜	1 100	3 500					蔬菜
							胶州青萝卜	900	3 200					
胡萝卜	1 100					1	黑田5寸	1 100	2 800					经济作物

（续表）

作物名称	种植面积（亩）	地方或野生品种 数目	代表性品种 名称	代表性品种 面积（亩）	代表性品种 单产（千克/亩）	培育品种 数目	代表性品种 名称	代表性品种 面积（亩）	代表性品种 单产（千克/亩）	名称	用途	单产（千克/亩）	作物种类
瓠瓜	3 000					2	旱青1代	1 600	4 800				蔬菜
							欧宝1号	1 400	4 600				
苹果	1 213.6					4	红富士	850	2 500				果树
							美国八号	130	2 000				
							嘎啦	50	2 100				
							金帅	183.6	2 250				果树
梨	736					3	圆黄梨	302	2 500				果树
							秋霜梨	154	1 500				
							包金梨	280	2 000				
桃	1 828					5	永莲蜜桃	1 200	1 250				果树
							中华寿桃	52	1 500				
							油桃	222	1 000				
							毛桃	170	500				
							蟠桃	184	1 000				
枣	1 405	1	济阳圆铃大枣	405	1500	1	仲秋红	1 000	2 500				果树
柿	669					2	金镜蜜柿	600	2 500				果树
							合柿	69	2 000				
山楂	200					2	大金星	100	1 000				果树
							红棉球	100	1 000				
西瓜	41 000					10	小兰西瓜	15 000	5 000				蔬菜
							京欣1号	7 000	4 000				
							京欣2号	6 000	4 200				
							京欣3号	4 000	3 600				
							丰收3号	6 000	6 600				

商河县

"第三次全国农作物种质资源普查与收集"普查表
（1956年）

填表人：	刘龙龙	日期：	2020	年	10	月	16	日	联系电话：	

一、1956年基本情况

（一）县名　　　　　　　　　　　商河县

（二）历史沿革（名称、地域、区划变化）

抗日战争及解放战争时期，先后属鲁北、冀南、冀鲁边区三专署、渤海行署二专署、泺北专署。中华人民共和国成立后，初属泺北专署，1950年属德州专署。1956年3月德州专署撤销，商河县归惠民专署。

（三）行政区划

县辖：	22	个乡/镇	1 016	个村	县城所在地：		商河镇

（四）地理系统

海拔范围	8.7	~	17.1	米	经度范围	116.97	°	~	117.43	°
纬度范围	37.1	°	37.53	°	年均气温	12.9	℃，年均降水量	599.0		毫米

（五）人口及民族状况

总人口数：	43.25	万人	其中农业人口：	42.06		万人		
少数民族数量：	2	个，其中人口总数排名前10的民族信息：						
民族：	回族	人口：	0.386 8	万人，民族：	满族	人口：	0.000 4	万人
民族：		人口：		万人，民族：		人口：		万人
民族：		人口：		万人，民族：		人口：		万人
民族：		人口：		万人，民族：		人口：		万人
民族：		人口：		万人，民族：		人口：		万人

（六）土地状况

县总面积：	119 3	平方千米	耕地面积：	151.4	万亩
草场面积：	0	万亩	林地面积：	2.22	万亩
湿地（滩涂）面积：	0	万亩	水域面积：	1.8	万亩

（七）经济状况

生产总值：	5 057	万元，工业总产值：	54	万元
农业总产值：	5 003	万元，粮食总产值：		万元
经济作物总产值：		万元，畜牧业总产值：	357	万元
水产总产值：	37	万元，人均收入：		元

（八）受教育情况

高等教育		%	中等教育		%
初等教育		%	未受教育		%

（续表）

（九）特有资源及利用情况	
	无

（十）当前农业生产存在的主要问题	
	产能不足

（十一）总体生态环境自我评价	
优	（优、良、中、差）

（十二）总体生活状况（质量）自我评价	
差	（优、良、中、差）

（十三）其他	
	无

二、1956年全县种植的粮食作物情况

作物名称	种植面积（亩）	种植品种数目								具有保健、药用、工艺品、宗教等特殊用途品种		
		地方品种				培育品种				名称	用途	单产（千克/亩）
		数目	代表性品种			数目	代表性品种					
			名称	面积（亩）	单产（千克/亩）		名称	面积（亩）	单产（千克/亩）			
玉米	343 100	5	灯笼红	150 000	60							
			鸡跳脚	80 000	65							
			金皇后	10 000	80							
			二马牙	15 000	85							
			28芪	88 100	65							
小麦	586 000	5	小白麦	250 000	55	2	齐大195	2 000	55			
			野鸡灵	10 000	50		大粒半芒	2 000	55			
			红秃头	200 000	58							
			碧蚂麦	1 000	58							
			邹平阳麦	1 000	60							
谷子	263 500	4	毛穗子	45 000	75	1	华东四号	12 000	80			
			红根子	55 000	80							
			大青秸	110 000	80							
			野鸡灵	31 500	75							

（续表）

作物名称	种植面积（亩）	种植品种数目									具有保健、药用、工艺品、宗教等特殊用途品种		
		地方品种				培育品种					名称	用途	单产（千克/亩）
		数目	代表性品种			数目	代表性品种						
			名称	面积（亩）	单产（千克/亩）		名称	面积（亩）	单产（千克/亩）				
大豆	275 300	3	爬蔓子	35 000	35								
			一柱香	125 300	38								
			兔子眼	115 000	40								
甘薯	90 000	1	商河甘薯	30 000	290	1	胜利百号	60 000	300				

三、1956年全县种植的油料、蔬菜、果树、茶、桑、棉麻等主要经济作物情况

作物名称	种植面积（亩）	种植品种数目									具有保健、药用、工艺品、宗教等特殊用途品种			作物种类
		地方或野生品种				培育品种					名称	用途	单产（千克/亩）	
		数目	代表性品种			数目	代表性品种							
			名称	面积（亩）	单产（千克/亩）		名称	面积（亩）	单产（千克/亩）					
棉花	307 200	3	小棉花	50 000	14	3	斯字棉2B	80 000	15					经济作物
			紫棉花	37 000	15.1		斯字棉	27 000	15					
			土棉	93 200	15.5		五爱棉	20 000	14					
花生	13 600	1	商河花生	13 600	71									经济作物
芝麻	2 800	1	商河芝麻	2 800	66.7									经济作物

"第三次全国农作物种质资源普查与收集"普查表
（1981年）

| 填表人： | 刘龙龙 | 日期： | 2020 | 年 | 10 | 月 | 16 | 日 | 联系电话： | |

一、1981年基本情况

（一）县名

商河县

（二）历史沿革（名称、地域、区划变化）

抗日战争及解放战争时期，先后属鲁北、冀南、冀鲁边区三专署、渤海行署二专署、泺北专署。中华人民共和国成立后，初属泺北专署，1950年属德州专署。1956年3月德州专署撤销，商河县归惠民专署。1958年12月商河县、乐陵县合并为商河县（1960年改名乐陵县），属聊城专属。1959年4月改属淄博专署。1961年9月商河、乐陵两县分治，商河县属德州专署。

（三）行政区划

| 县辖 | 22 | 个乡/镇 | 1 012 | 个村 | 县城所在地： | 商河镇 |

（四）地理系统

海拔范围	8.1	~	17.1	米	经度范围	116.97	°	~	117.43	°
纬度范围	37.1	°	~	37.53	°	年均气温	12.7	℃，年均降水量	387.1	毫米

（五）人口及民族状况

总人口数：	51.26	万人	其中农业人口：	49.38	万人		
少数民族数量：	7	个，其中人口总数排名前10的民族信息：					
民族：	回族	人口：	0.593 1	万人，民族：	壮族	人口：	0.002 5 万人
民族：	满族	人口：	0.002 4	万人，民族：	瑶族	人口：	0.000 6 万人
民族：	朝鲜族	人口：	0.000 3	万人，民族：	蒙古族	人口：	0.000 3 万人
民族：	锡伯族	人口：	0.000 1	万人，民族：		人口：	万人
民族：		人口：		万人，民族：		人口：	万人

（六）土地状况

县总面积：	1 186	平方千米	耕地面积：	117.75	万亩
草场面积：	0	万亩	林地面积：	4.95	万亩
湿地（滩涂）面积：	0	万亩	水域面积：	20.1	万亩

（七）经济状况

生产总值：	28 130	万元，工业总产值：	6 164	万元
农业总产值：	19 778	万元，粮食总产值：	7 143	万元
经济作物总产值：	7 287	万元，畜牧业总产值：	1 978	万元
水产总产值：	37	万元，人均收入：	274.84	元

（八）受教育情况

高等教育：	%	中等教育：	%
初等教育：	%	未受教育：	%

（九）特有资源及利用情况

无

（十）当前农业生产存在的主要问题

产能不足，种粮效益差。

（续表）

（十一）总体生态环境自我评价	
优	（优、良、中、差）
（十二）总体生活状况（质量）自我评价	
中	（优、良、中、差）
（十三）其他	
（六）土地状况为1984年第二次土壤普查数据；粮食作物及经济作物产量为农业数据。（八）受教育情况确实无数据，教体局没有统计受教育情况。	

二、1981年全县种植的粮食作物情况

作物名称	种植面积（亩）	种植品种数目								具有保健、药用、工艺品、宗教等特殊用途品种		
		地方品种				培育品种						
		数目	代表性品种			数目	代表性品种			名称	用途	单产（千克/亩）
			名称	面积（亩）	单产（千克/亩）		名称	面积（亩）	单产（千克/亩）			
玉米	402 600	0				8	鲁原单4号	250 000	290			
							聊育5号	12 000	250			
							泰单75	84 000	270			
							东岳12	10 000	250			
							泰安31	30 000	270			
小麦	444 500	0				9	1288	270 000	240			
							昌乐5号	30 000	220			
							泰山5号	33 000	200			
							泰山1号	13 000	230			
							济南13	50 000	240			
谷子	18 200	0				3	青到老	7 200	275			
							杨村谷	8 000	300			
							东风40号	3 000	280			
高粱	44 400	4	白窝子	3 400	260	2	晋杂5号	10 000	290			
			红壳红	5 000	280		晋杂7号	13 000	300			
			黑壳黑	4 000	260							
			大头帽	9 000	300							
甘薯	10 550	0				1	胜利百号	10 550	395.4			
大豆	50 200	0				7	跃进4号	10 000	130			
							向阳1号	5 200	120			
							文风1号	8 000	120			
							济阳大粒黑	20 000	120			
							齐鲁1号	4 000	140			

（续表）

三、1981年全县种植的油料、蔬菜、果树、茶、桑、棉麻等主要经济作物情况

作物名称	种植面积（亩）	种植品种数目							具有保健、药用、工艺品、宗教等特殊用途品种			作物种类
		地方或野生品种				培育品种						
		数目	代表性品种			数目名称	代表性品种		名称	用途	单产（千克/亩）	
			名称	面积（亩）	单产（千克/亩）		面积（亩）	单产（千克/亩）				
棉花	333 800					2	鲁棉1号 133 800	120				经济作物
							中棉10号 200 000	110				
花生	100	1	商河花生	50	360	2	海花1号 30	350				经济作物
							花27 20	350				
芝麻	4 300	1	商河芝麻	4 300	76.8							经济作物
向日葵	200	1	商河向日葵	200	50							经济作物

"第三次全国农作物种质资源普查与收集"普查表
（2014年）

| 填表人： | 刘龙龙 | 日期： | 2020 | 年 | 10 | 月 | 16 | 日 | 联系电话： | |

一、2014年基本情况

（一）县名 商河县

（二）历史沿革（名称、地域、区划变化）

抗日战争及解放战争时期，先后属鲁北、冀南、冀鲁边区三专署、渤海行署二专署、泺北专署。新中国成立后，初属泺北专署，1950年属德州专署。1956年3月德州专署撤销，商河县归惠民专署。1958年12月商河县、乐陵县合并为商河县（1960年改名乐陵县），属聊城专属。1959年4月改属淄博专署。1961年9月商河、乐陵两县分治，商河县属德州专署。1990年商河县划归济南至今。

（三）行政区划

| 县辖： | 12 | 个乡/镇 | 963 | 个村 | 县城所在地： | | 许商街道 |

（四）地理系统

| 海拔范围 | 8.7 | ~ | 17.1 | 米 | 经度范围 | 116.97 | ° | ~ | | 117.43 | ° |
| 纬度范围 | 37.1 | ° | ~ | 37.53 | ° | 年均气温 | 13.7 | ℃，年均降水量 | 433.2 | 毫米 |

（五）人口及民族状况

总人口数：	63.6	万人	其中农业人口：		42.14		万人
少数民族数量：	22	个，其中人口总数排名前10的民族信息：					
民族：	回族	人口：	1.386	万人，民族：	满族	人口：	0.003 8	万人
民族：	蒙古族	人口：	0.003 3	万人，民族：	傈僳族	人口：	0.002 2	万人

（续表）

民族：	苗族	人口：	0.001 5	万人，民族：	土家族	人口：	0.001 5	万人
民族：	朝鲜族	人口：	0.001 1	万人，民族：	彝族	人口：	0.001	万人
民族：	壮族	人口：	0.000 8	万人，民族：	哈尼族	人口：	0.000 6	万人

（六）土地状况

县总面积：	1 162.4	平方千米	耕地面积：	114.54	万亩
草场面积：	0	万亩	林地面积：	6.45	万亩
湿地（滩涂）面积：	0	万亩	水域面积：	2.54	万亩

（七）经济状况

生产总值：	1 597 222	万元，工业总产值：	1 654 012.8	万元
农业总产值：	625 717	万元，粮食总产值：	209 800	万元
经济作物总产值：	415 917	万元，畜牧业总产值：	201 249	万元
水产总产值：	12 451	万元，人均收入：	11 874	元

（八）受教育情况

| 高等教育： | 19.42 | % | 中等教育： | 57.25 | % |
| 初等教育： | 18.18 | % | 未受教育： | 5.15 | % |

（九）特有资源及利用情况

| 无 |

（十）当前农业生产存在的主要问题

| |

（十一）总体生态环境自我评价

| 良 | （优、良、中、差） |

（十二）总体生活状况（质量）自我评价

| 优 | （优、良、中、差） |

（十三）其他

| |

二、2014年全县种植的粮食作物情况

作物名称	种植面积（亩）	种植品种数目							具有保健、药用、工艺品、宗教等特殊用途品种		
		地方品种				培育品种			名称	用途	单产（千克/亩）
		数目	代表性品种			数目	代表性品种				
			名称	面积（亩）	单产（千克/亩）		名称	面积（亩）	单产（千克/亩）		
玉米	808 216					50	登海605	115 000	600		
							郑单958	237 000	580		
							浚单20	86 000	560		
							伟科702	51 000	570		
							登海618	72 000	580		

（续表）

作物名称	种植面积（亩）	种植品种数目								具有保健、药用、工艺品、宗教等特殊用途品种		
		地方品种				培育品种				名称	用途	单产（千克/亩）
		数目	代表性品种			数目	代表性品种					
			名称	面积（亩）	单产（千克/亩）		名称	面积（亩）	单产（千克/亩）			
小麦	762 000					34	济麦22	311 000	520			
							鲁原502	211 000	500			
							泰农18	35 000	500			
							山农20	15 000	520			
							潍麦8	6 500	490			
甘薯	3 864					2	鲁薯4号	2 000	3 000			
							济薯21	1 864	3 000			
大豆	400					1	齐黄32	400	151.8			

三、2014年全县种植的油料、蔬菜、果树、茶、桑、棉麻等主要经济作物情况

作物名称	种植面积（亩）	种植品种数目								具有保健、药用、工艺品、宗教等特殊用途品种			作物种类
		地方或野生品种				培育品种				名称	用途	单产（千克/亩）	
		数目	代表性品种			数目	代表性品种						
			名称	面积（亩）	单产（千克/亩）		名称	面积（亩）	单产（千克/亩）				
棉花	44 232					8	鲁棉研28	28 000	88				经济作物
							晋棉38	5 000	90				
							国欣棉3号	4 000	85				
							鲁6269	2 000	82				经济作物
							鲁棉研29	1 500	87				
花生	2 388					1	鲁花14号	2 388	351.8				经济作物
大蒜	85 000					2	苍山白蒜	56 000	1 500				蔬菜
							杂交蒜	29 000	1 500				
辣椒	10 000					1	奥黛丽	10 000	10 000				蔬菜
黄瓜	8 000					2	津优35	6 000	10 000				蔬菜
							绿丰21-10	2 000	10 000				
芹菜	4 800					1	荷兰西芹	4 800	7 500				蔬菜
菜豆	3 800					1	双青12	3 800	2 500				蔬菜
苹果	3 200	1	商河苹果	3 200	4 336.28								果树

（续表）

作物名称	种植面积（亩）	种植品种数目									具有保健、药用、工艺品、宗教等特殊用途品种			作物种类
		地方或野生品种				培育品种								
		数目	代表性品种			数目	代表性品种			名称	用途	单产（千克/亩）	
			名称	面积（亩）	单产（千克/亩）		名称	面积（亩）	单产（千克/亩）				
梨	4 600	1	商河梨	4 600	6 336								果树
桃	800	1	商河桃	800	588								果树
葡萄	3 300	1	商河葡萄	3 300	5 481								果树
杏	700	1	商河杏	700	438.95								果树
枣	1 100	1	商河枣	1 100	845.25								果树
核桃	5 800	1	商河核桃	5 800	518.44								果树
柿	800	1	商河柿	800	758.63								果树

章丘区

"第三次全国农作物种质资源普查与收集"普查表
（1956年）

填表人：	袭祥峰、菅应鑫	日期：	2020	年	9	月	15	日	联系电话：	

一、1956年基本情况

（一）县名

章丘区

（二）历史沿革（名称、地域、区划变化）

新中国成立后，章丘、章历两县于1950年4月划归淄博专区。1953年9月，章历县并入章丘县，章丘县划归泰安专区。

（三）行政区划

县辖：	82	个乡/镇	932	个村	县城所在地：	旧章丘城（现绣惠街道）

（四）地理系统

海拔范围	200	~	800	米	经度范围	117.10	°	~	117.35	°
纬度范围	36.25	°	~	37.09	°	年均气温	12.8	℃，年均降水量	600.8	毫米

（五）人口及民族状况

总人口数：	63.27	万人	其中农业人口：	61.74	万人
少数民族数量：	4	个，其中人口总数排名前10的民族信息：			
民族：	回族	人口：	0.428 7	万人，民族：	满族
民族：	侗族	人口：	0.000 1	万人，民族：	蒙古族
民族：		人口：		万人，民族：	
民族：		人口：		万人，民族：	
民族：		人口：		万人，民族：	

（六）土地状况

县总面积：	2 075	平方千米	耕地面积：	151.727	万亩
草场面积：	0	万亩	林地面积：	5.733	万亩
湿地（滩涂）面积：	3.42	万亩	水域面积：	26.50	万亩

（七）经济状况

生产总值：	21 165	万元，工业总产值：	521	万元
农业总产值：	6 443	万元，粮食总产值：	4 782	万元
经济作物总产值：	645	万元，畜牧业总产值：	727	万元
水产总产值：	5	万元，人均收入：	32.5	元

（八）受教育情况

高等教育：	0.28	%	中等教育：	0.78	%
初等教育：	9.4	%	未受教育：	89.54	%

（九）特有资源及利用情况

章丘大葱既可生食又可作为做菜调料，作为配菜与烤鸭搭配更加可口、香甜，在章丘也有煎饼卷大葱的吃法。明水香稻和龙山小米颗粒饱满，香味扑鼻，常用来蒸米饭、熬粥，口感香甜黏稠。

（续表）

（十）当前农业生产存在的主要问题	
生产技术落后	

（十一）总体生态环境自我评价	
良	（优、良、中、差）

（十二）总体生活状况（质量）自我评价	
中	（优、良、中、差）

（十三）其他	
无	

二、1956年全县种植的粮食作物情况

作物名称	种植面积（亩）	种植品种数目								具有保健、药用、工艺品、宗教等特殊用途品种		
		地方品种				培育品种				名称	用途	单产（千克/亩）
		数目	代表性品种			数目	代表性品种					
			名称	面积（亩）	单产（千克/亩）		名称	面积（亩）	单产（千克/亩）			
小麦	783 878	1	本地小麦	783 878	103							
水稻	5 462	1	本地水稻	5 462	175							
谷子	288 656	1	本地谷子	288 656	105							
玉米	440 594	1	本地玉米	440 594	251							
高粱	111 086	1	本地高粱	111 086	101							
甘薯	148 371	1	本地甘薯	148 371	1 505							
大豆	230 287	1	本地大豆	230 287	75							

三、1956年全县种植的油料、蔬菜、果树、茶、桑、棉麻等主要经济作物情况

作物名称	种植面积（亩）	种植品种数目								具有保健、药用、工艺品、宗教等特殊用途品种			作物种类
		地方或野生品种				培育品种				名称	用途	单产（千克/亩）	
		数目	代表性品种			数目	代表性品种						
			名称	面积（亩）	单产（千克/亩）		名称	面积（亩）	单产（千克/亩）				
棉花	127 417	1	本地棉花	127 417	26								经济作物
花生	107 625	1	本地花生	107 625	104								经济作物

"第三次全国农作物种质资源普查与收集"普查表
（1981年）

| 填表人： | 袭祥峰、菅应鑫 | 日期： | 2020 | 年 | 9 | 月 | 15 | 日 | 联系电话： | |

一、1981年基本情况

（一）县名

章丘区

（二）历史沿革（名称、地域、区划变化）

新中国成立后，章丘、章历两县于1950年4月划归淄博专区。1953年9月，章历县并入章丘县，章丘县划归泰安专区。1958年8月迁县治于明水；同年9月，改属济南市。1961年4月，划归泰安专区。1978年11月，属济南市至今。

（三）行政区划

| 县辖： | 16 | 个乡/镇 | 825 | 个村 | 县城所在地： | 明水 |

（四）地理系统

海拔范围	200	~	800	米	经度范围	117.10	°	~	117.3	°
纬度范围	36.25	°	~	37.09	°	年均气温	12.8	℃，年均降水量	339.1	毫米

（五）人口及民族状况

总人口数：		90.32	万人		其中农业人口：		85.19		万人
少数民族数量：		15		个，其中人口总数排名前10的民族信息：					
民族：	回族	人口：	0.604 5	万人，民族：	苗族	人口：	0.012 7	万人	
民族：	侗族	人口：	0.004 5	万人，民族：	满族	人口：	0.003 1	万人	
民族：	壮族	人口：	0.001 5	万人，民族：	仫佬族	人口：	0.000 7	万人	
民族：	仡佬族	人口：	0.000 5	万人，民族：	彝族	人口：	0.000 4	万人	
民族：	布依族	人口：	0.000 3	万人，民族：	蒙古族	人口：	0.000 2	万人	

（六）土地状况

县总面积：	1 699	平方千米	耕地面积：	125.230	万亩
草场面积：	0	万亩	林地面积：	28.8	万亩
湿地（滩涂）面积：	3.34	万亩	水域面积：	3	万亩

（七）经济状况

生产总值：	61 635	万元，工业总产值：	13 484	万元
农业总产值：	25 579	万元，粮食总产值：	14 254	万元
经济作物总产值：	10 245	万元，畜牧业总产值：	2 724	万元
水产总产值：	15	万元，人均收入：	179	元

（八）受教育情况

高等教育：		%	中等教育：		%
初等教育：		%	未受教育：		%

（九）特有资源及利用情况

（十）当前农业生产存在的主要问题

生产技术落后。

（十一）总体生态环境自我评价

良	（优、良、中、差）

（续表）

（十二）总体生活状况（质量）自我评价	
中	（优、良、中、差）

（十三）其他	
无	

二、1981年全县种植的粮食作物情况

作物名称	种植面积（亩）	种植品种数目								具有保健、药用、工艺品、宗教等特殊用途品种		
		地方品种				培育品种				名称	用途	单产（千克/亩）
		数目	代表性品种			数目	代表性品种					
			名称	面积（亩）	单产（千克/亩）		名称	面积（亩）	单产（千克/亩）			
小麦	626 293	1	本地小麦	626 293	206							
水稻	4 884	1	本地水稻	4 884	226							
谷子	33 301	1	本地谷子	33 301	104							
玉米	628 465	1	本地玉米	628 465	381							
高粱	33 291	1	本地高粱	33 291	278							
甘薯	125 238	1	本地甘薯	125 238	3 264							
大豆	74 074	1	本地大豆	74 040	157							

三、1981年全县种植的油料、蔬菜、果树、茶、桑、棉麻等主要经济作物情况

作物名称	种植面积（亩）	种植品种数目								具有保健、药用、工艺品、宗教等特殊用途品种			作物种类
		地方或野生品种				培育品种				名称	用途	单产（千克/亩）	
		数目	代表性品种			数目	代表性品种						
			名称	面积（亩）	单产（千克/亩）		名称	面积（亩）	单产（千克/亩）				
棉花	14 559	1	本地棉花	14 559	46								经济作物
花生	21 366	1	本地花生	21 366	254								经济作物

"第三次全国农作物种质资源普查与收集"普查表
（2014年）

填表人：	裴祥峰、菅应鑫	日期：	2020	年	9	月	15	日	联系电话：	

一、2014年基本情况

（一）县名	
章丘区	

（续表）

（二）历史沿革（名称、地域、区划变化）

新中国成立后，章丘、章历两县于1950年4月划归淄博专区。1953年9月，章历县并入章丘县，章丘县划归泰安专区。1958年8月迁县治于明水；同年9月，改属济南市。1961年4月，划归泰安专区。1978年11月，属济南市至今。1992年8月，撤县设市（县级）

（三）行政区划

县辖：	20	个乡/镇	921	个村	县城所在地：	明水

（四）地理系统

海拔范围	200	~	800	米	经度范围	117.10	°	~	117.35	°
纬度范围	36.25	°	~	37.09	°	年均气温	15.2	℃，年均降水量	325.3	毫米

（五）人口及民族状况

总人口数：	102.4	万人		其中农业人口：	59.54		万人

少数民族数量：	39	个，其中人口总数排名前10的民族信息：					
民族：	回族	人口：	0.823 4	万人，民族：	壮族	人口：	0.000 9	万人
民族：	维吾尔族	人口：	0.000 5	万人，民族：	布依族	人口：	0.000 2	万人
民族：	蒙古族	人口：	0.000 2	万人，民族：	藏族	人口：	0.000 2	万人
民族：	土家族	人口：	0.000 1	万人，民族：	傣族	人口：	0.000 1	万人
民族：	苗族	人口：	0.000 1	万人，民族：	朝鲜族	人口：	0.000 1	万人

（六）土地状况

县总面积：	1 719	平方千米	耕地面积：	119.51	万亩
草场面积：	0	万亩	林地面积：	84.33	万亩
湿地（滩涂）面积：	3.28	万亩	水域面积：	3.015	万亩

（七）经济状况

生产总值：	8 339 137	万元，工业总产值：	4472 026	万元
农业总产值：	687 982	万元，粮食总产值：	383 381	万元
经济作物总产值：	302 489	万元，畜牧业总产值：	495 835	万元
水产总产值：	14 749	万元，人均收入：	16 977	元

（八）受教育情况

高等教育：	6.40	%	中等教育：	9.14	%
初等教育：	68.34	%	未受教育：	16.12	%

（九）特有资源及利用情况

章丘大葱、明水香稻、龙山小米、章丘鲍芹等一批地方特色产品已形成一定规模，有力带动了当地经济发展。

（十）当前农业生产存在的主要问题

农产品优质不优价。

（十一）总体生态环境自我评价

中	（优、良、中、差）

（十二）总体生活状况（质量）自我评价

良	（优、良、中、差）

（十三）其他

无

（续表）

二、2014年全县种植的粮食作物情况

作物名称	种植面积（亩）	种植品种数目								具有保健、药用、工艺品、宗教等特殊用途品种		
		地方品种				培育品种				名称	用途	单产（千克/亩）
		数目	代表性品种			数目	代表性品种					
			名称	面积（亩）	单产（千克/亩）		名称	面积（亩）	单产（千克/亩）			
水稻	1 800	3	大红芒	495	262							
			小红芒	561	495							
			馥香	744	562							
玉米	820 663					6	登海605	169 652	556			
							郑单958	299 874	435			
							先玉335	129 980	524			
							登海618	98 794	502			
							浚单20	122 358	468			
谷子	25 048	5	阴天旱	15 451	351	2	中谷2	85	378			
			齐头白	2 420	342		济谷19	68	354			
			老植谷	2 405	254							
			母鸡嘴	2 338	245							
			老虎尾巴	2 281	243							
小麦	844 305					6	济南17	450 000	425			
							济麦22	230 000	476			
							鲁原502	100 000	453			
							山农29	40 356	423			
							烟农19	23 947	310			

三、2014年全县种植的油料、蔬菜、果树、茶、桑、棉麻等主要经济作物情况

作物名称	种植面积（亩）	种植品种数目								具有保健、药用、工艺品、宗教等特殊用途品种			作物种类
		地方或野生品种				培育品种				名称	用途	单产（千克/亩）	
		数目	代表性品种			数目	代表性品种						
			名称	面积（亩）	单产（千克/亩）		名称	面积（亩）	单产（千克/亩）				
花生	34 166					5	山花9	6 833	450				经济作物
							山花7	6 858	435				
							花育25	6 782	442				
							花育22	6 852	450				
							花育36	6 841	446				

（续表）

作物名称	种植面积（亩）	种植品种数目								具有保健、药用、工艺品、宗教等特殊用途品种			作物种类
		地方或野生品种				培育品种				名称	用途	单产（千克/亩）	
		数目	代表性品种			数目	代表性品种						
			名称	面积（亩）	单产（千克/亩）		名称	面积（亩）	单产（千克/亩）				
棉花	60 428					5	鲁棉研28	14 203	304				经济作物
							鲁棉研32	13 365	310				
							鲁棉研36	13 852	305				
							银瑞361	10 354	309				经济作物
							德利农5	8 654	304				
大葱	123 380	3	大梧桐	35 463	3 050								蔬菜
			气煞风	15 624	5 423								
			二串子	72 293	5 632								